한솔 완벽한 연산

수학은 마라톤입니다.
지금 여러분은 출발 지점에 서 있습니다.
초등학교 저학년 때는
수학 마라톤을 잘 하기 위해
기초 체력을 튼튼히 길러야 합니다.

한솔 완벽한 연산으로 시작하세요.
마라톤을 잘 뛸 수 있는 완벽한 연산 실력을 키워줍니다.

왜 완벽한 연산인가요?

 기초 연산은 물론, 학교 연산까지 이 책 시리즈 하나면 완벽하게 끝나기 때문입니다. '한솔 완벽한 연산'은 하루 8쪽씩, 5일 동안 4주분을 학습하고, 마지막 주에는 학교 시험에 완벽하게 대비할 수 있도록 '연산 UP' 16쪽을 추가로 제공합니다. 매일 꾸준한 연습으로 연산 실력을 키우기에 충분한 학습량입니다. '한솔 완벽한 연산' 하나면 기초 연산도 학교 연산도 완벽하게 대비할 수 있습니다.

몇 단계로 구성되고, 몇 학년이 풀 수 있나요?

모두 6단계로 구성되어 있습니다. '한솔 완벽한 연산'은 한 단계가 1개 학년이 아닙니다. 연산의 기초 훈련이 가장 필요한 시기인 초등 2~3학년에 집중하여 여러 단계로 구성하였습니다. 이 시기에는 수학의 기초 체력을 튼튼히 길러야 하니까요.

단계	권장 학년	학습 내용
MA	6~7세	100까지의 수, 더하기와 빼기
MB	초등 1~2학년	한 자리 수의 덧셈, 두 자리 수의 덧셈
MC	초등 1~2학년	두 자리 수의 덧셈과 뺄셈
MD	초등 2~3학년	두·세 자리 수의 덧셈과 뺄셈
ME	초등 2~3학년	곱셈구구, (두·세 자리 수)×(한 자리 수), (두·세 자리 수)÷(한 자리 수)
MF	초등 3~4학년	(두·세 자리 수)×(두 자리 수), (두·세 자리 수)÷(두 자리 수), 분수·소수의 덧셈과 뺄셈

?. 책 한 권은 어떻게 구성되어 있나요?

✏ 책 한 권은 모두 4주 학습으로 구성되어 있습니다.

한 주는 모두 40쪽으로 하루에 8쪽씩, 5일 동안 푸는 것을 권장합니다.

마지막 5주차에는 학교 시험에 대비할 수 있는 '연산 UP'을 학습합니다.

?. '한솔 완벽한 연산'도 매일매일 풀어야 하나요?

✏ 물론입니다. 매일매일 규칙적으로 연습을 해야 연산 능력이 향상되기 때문입니다.

월요일부터 금요일까지 매일 8쪽씩, 4주 동안 규칙적으로 풀고, 마지막 주에 '연산 UP' 16쪽을 다 풀면 한 권 학습이 끝납니다.

매일매일 푸는 습관이 잡히면 개인 진도에 따라 두 달에 3권을 푸는 것도 가능합니다.

?. 하루 8쪽씩이라구요? 너무 많은 양 아닌가요?

✏ '한솔 완벽한 연산'은 술술 풀면서 잘 넘어가는 학습지입니다.

공부하는 학생 입장에서는 빡빡한 문제를 4쪽 푸는 것보다 술술 넘어가는 문제를 8쪽 푸는 것이 훨씬 큰 성취감을 느낄 수 있습니다.

'한솔 완벽한 연산'은 학생의 연령을 고려해 쪽당 학습량을 전략적으로 구성했습니다. 그래서 학생이 부담을 덜 느끼면서 효과적으로 학습할 수 있습니다.

학교 진도와 맞추려면 어떻게 공부해야 하나요?

 이 책은 한 권을 한 달 동안 푸는 것을 권장합니다.

각 단계별 학교 진도는 다음과 같습니다.

단계	MA	MB	MC	MD	ME	MF
권 수	8권	5권	7권	7권	7권	7권
학교 진도	초등 이전	초등 1학년	초등 2학년	초등 3학년	초등 3학년	초등 4학년

초등학교 1학년이 3월에 MB 단계부터 매달 1권씩 꾸준히 푼다고 한다면 2학년이 시작될 때 MD 단계를 풀게 되고, 3학년 때 MF 단계(4학년 과정)까지 마무리할 수 있습니다.

이 책 시리즈로 꼼꼼히 학습하게 되면 일반 방문학습지 못지 않게 충분한 연산 실력을 쌓게 되고 조금씩 다음 학년 진도까지 학습할 수 있다는 장점이 있습니다.

매일 꾸준히 성실하게 학습한다면 학년 구분 없이 원하는 진도를 스스로 계획하고 진행해 나갈 수 있습니다.

 '연산 UP'은 어떻게 공부해야 하나요?

 '연산 UP'은 4주 동안 훈련한 연산 능력을 확인하는 과정이자 학교에서 흔히 접하는 계산 유형 문제까지 접할 수 있는 코너입니다.

'연산 UP'의 구성은 다음과 같습니다.

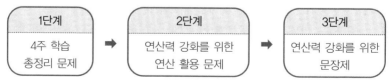

'연산 UP'은 모두 16쪽으로 구성되었으므로 하루 8쪽씩 2일 동안 학습하고, 다음 단계로 진행할 것을 권장합니다.

MA 6~7세

권	제목	주차별 학습 내용
1	20까지의 수 1	1주 5까지의 수 (1)
		2주 5까지의 수 (2)
		3주 5까지의 수 (3)
		4주 10까지의 수
2	20까지의 수 2	1주 10까지의 수 (1)
		2주 10까지의 수 (2)
		3주 20까지의 수 (1)
		4주 20까지의 수 (2)
3	20까지의 수 3	1주 20까지의 수 (1)
		2주 20까지의 수 (2)
		3주 20까지의 수 (3)
		4주 20까지의 수 (4)
4	50까지의 수	1주 50까지의 수 (1)
		2주 50까지의 수 (2)
		3주 50까지의 수 (3)
		4주 50까지의 수 (4)
5	1000까지의 수	1주 100까지의 수 (1)
		2주 100까지의 수 (2)
		3주 100까지의 수 (3)
		4주 1000까지의 수
6	수 가르기와 모으기	1주 수 가르기 (1)
		2주 수 가르기 (2)
		3주 수 모으기 (1)
		4주 수 모으기 (2)
7	덧셈의 기초	1주 상황 속 덧셈
		2주 더하기 1
		3주 더하기 2
		4주 더하기 3
8	뺄셈의 기초	1주 상황 속 뺄셈
		2주 빼기 1
		3주 빼기 2
		4주 빼기 3

 MB 초등 1·2학년 ①

권	제목	주차별 학습 내용
1	덧셈 1	1주 받아올림이 없는 (한 자리 수)+(한 자리 수) (1)
		2주 받아올림이 없는 (한 자리 수)+(한 자리 수) (2)
		3주 받아올림이 없는 (한 자리 수)+(한 자리 수) (3)
		4주 받아올림이 없는 (두 자리 수)+(한 자리 수)
2	덧셈 2	1주 받아올림이 없는 (두 자리 수)+(한 자리 수)
		2주 받아올림이 있는 (한 자리 수)+(한 자리 수) (1)
		3주 받아올림이 있는 (한 자리 수)+(한 자리 수) (2)
		4주 받아올림이 있는 (한 자리 수)+(한 자리 수) (3)
3	뺄셈 1	1주 (한 자리 수)−(한 자리 수) (1)
		2주 (한 자리 수)−(한 자리 수) (2)
		3주 (한 자리 수)−(한 자리 수) (3)
		4주 받아내림이 없는 (두 자리 수)−(한 자리 수)
4	뺄셈 2	1주 받아내림이 없는 (두 자리 수)−(한 자리 수)
		2주 받아내림이 있는 (두 자리 수)−(한 자리 수) (1)
		3주 받아내림이 있는 (두 자리 수)−(한 자리 수) (2)
		4주 받아내림이 있는 (두 자리 수)−(한 자리 수) (3)
5	덧셈과 뺄셈의 완성	1주 (한 자리 수)+(한 자리 수), (한 자리 수)−(한 자리 수)
		2주 세 수의 덧셈, 세 수의 뺄셈 (1)
		3주 (한 자리 수)+(한 자리 수), (두 자리 수)−(한 자리 수)
		4주 세 수의 덧셈, 세 수의 뺄셈 (2)

MC 초등 1·2학년 ②

권	제목	주차별 학습 내용	
1	두 자리 수의 덧셈 1	1주	받아올림이 없는 (두 자리 수)+(한 자리 수)
		2주	몇십 만들기
		3주	받아올림이 있는 (두 자리 수)+(한 자리 수) (1)
		4주	받아올림이 있는 (두 자리 수)+(한 자리 수) (2)
2	두 자리 수의 덧셈 2	1주	받아올림이 없는 (두 자리 수)+(두 자리 수) (1)
		2주	받아올림이 없는 (두 자리 수)+(두 자리 수) (2)
		3주	받아올림이 없는 (두 자리 수)+(두 자리 수) (3)
		4주	받아올림이 없는 (두 자리 수)+(두 자리 수) (4)
3	두 자리 수의 덧셈 3	1주	받아올림이 있는 (두 자리 수)+(두 자리 수) (1)
		2주	받아올림이 있는 (두 자리 수)+(두 자리 수) (2)
		3주	받아올림이 있는 (두 자리 수)+(두 자리 수) (3)
		4주	받아올림이 있는 (두 자리 수)+(두 자리 수) (4)
4	두 자리 수의 뺄셈 1	1주	받아내림이 없는 (두 자리 수)-(한 자리 수)
		2주	몇십에서 빼기
		3주	받아내림이 있는 (두 자리 수)-(한 자리 수) (1)
		4주	받아내림이 있는 (두 자리 수)-(한 자리 수) (2)
5	두 자리 수의 뺄셈 2	1주	받아내림이 없는 (두 자리 수)-(두 자리 수) (1)
		2주	받아내림이 없는 (두 자리 수)-(두 자리 수) (2)
		3주	받아내림이 없는 (두 자리 수)-(두 자리 수) (3)
		4주	받아내림이 있는 (두 자리 수)-(두 자리 수) (4)
6	두 자리 수의 뺄셈 3	1주	받아내림이 있는 (두 자리 수)-(두 자리 수) (1)
		2주	받아내림이 있는 (두 자리 수)-(두 자리 수) (2)
		3주	받아내림이 있는 (두 자리 수)-(두 자리 수) (3)
		4주	받아내림이 있는 (두 자리 수)-(두 자리 수) (4)
7	덧셈과 뺄셈의 완성	1주	세 수의 덧셈
		2주	세 수의 뺄셈
		3주	(두 자리 수)+(한 자리 수), (두 자리 수)-(한 자리 수) 종합
		4주	(두 자리 수)+(한 자리 수), (두 자리 수)-(한 자리 수) 종합

MD 초등 2·3학년 ①

권	제목	주차별 학습 내용	
1	두 자리 수의 덧셈	1주	받아올림이 있는 (두 자리 수)+(두 자리 수) (1)
		2주	받아올림이 있는 (두 자리 수)+(두 자리 수) (2)
		3주	받아올림이 있는 (두 자리 수)+(두 자리 수) (3)
		4주	받아올림이 있는 (두 자리 수)+(두 자리 수) (4)
2	세 자리 수의 덧셈 1	1주	받아올림이 없는 (세 자리 수)+(두 자리 수)
		2주	받아올림이 있는 (세 자리 수)+(두 자리 수) (1)
		3주	받아올림이 있는 (세 자리 수)+(두 자리 수) (2)
		4주	받아올림이 있는 (세 자리 수)+(두 자리 수) (3)
3	세 자리 수의 덧셈 2	1주	받아올림이 있는 (세 자리 수)+(세 자리 수) (1)
		2주	받아올림이 있는 (세 자리 수)+(세 자리 수) (2)
		3주	받아올림이 있는 (세 자리 수)+(세 자리 수) (3)
		4주	받아올림이 있는 (세 자리 수)+(세 자리 수) (4)
4	두·세 자리 수의 뺄셈	1주	받아내림이 있는 (두 자리 수)-(두 자리 수) (1)
		2주	받아내림이 있는 (두 자리 수)-(두 자리 수) (2)
		3주	받아내림이 있는 (두 자리 수)-(두 자리 수) (3)
		4주	받아내림이 없는 (세 자리 수)-(두 자리 수)
5	세 자리 수의 뺄셈 1	1주	받아내림이 있는 (세 자리 수)-(두 자리 수) (1)
		2주	받아내림이 있는 (세 자리 수)-(두 자리 수) (2)
		3주	받아내림이 있는 (세 자리 수)-(두 자리 수) (3)
		4주	받아내림이 있는 (세 자리 수)-(두 자리 수) (4)
6	세 자리 수의 뺄셈 2	1주	받아내림이 있는 (세 자리 수)-(세 자리 수) (1)
		2주	받아내림이 있는 (세 자리 수)-(세 자리 수) (2)
		3주	받아내림이 있는 (세 자리 수)-(세 자리 수) (3)
		4주	받아내림이 있는 (세 자리 수)-(세 자리 수) (4)
7	덧셈과 뺄셈의 완성	1주	덧셈의 완성 (1)
		2주	덧셈의 완성 (2)
		3주	뺄셈의 완성 (1)
		4주	뺄셈의 완성 (2)

ME 초등 2·3학년 ②

권	제목	주차별 학습 내용	
1	곱셈구구	1주	곱셈구구 (1)
		2주	곱셈구구 (2)
		3주	곱셈구구 (3)
		4주	곱셈구구 (4)
2	(두 자리 수)×(한 자리 수) 1	1주	곱셈구구 종합
		2주	(두 자리 수)×(한 자리 수) (1)
		3주	(두 자리 수)×(한 자리 수) (2)
		4주	(두 자리 수)×(한 자리 수) (3)
3	(두 자리 수)×(한 자리 수) 2	1주	(두 자리 수)×(한 자리 수) (1)
		2주	(두 자리 수)×(한 자리 수) (2)
		3주	(두 자리 수)×(한 자리 수) (3)
		4주	(두 자리 수)×(한 자리 수) (4)
4	(세 자리 수)×(한 자리 수)	1주	(세 자리 수)×(한 자리 수) (1)
		2주	(세 자리 수)×(한 자리 수) (2)
		3주	(세 자리 수)×(한 자리 수) (3)
		4주	곱셈 종합
5	(두 자리 수)÷(한 자리 수) 1	1주	나눗셈의 기초 (1)
		2주	나눗셈의 기초 (2)
		3주	나눗셈의 기초 (3)
		4주	(두 자리 수)÷(한 자리 수)
6	(두 자리 수)÷(한 자리 수) 2	1주	(두 자리 수)÷(한 자리 수) (1)
		2주	(두 자리 수)÷(한 자리 수) (2)
		3주	(두 자리 수)÷(한 자리 수) (3)
		4주	(두 자리 수)÷(한 자리 수) (4)
7	(두·세 자리 수)÷(한 자리 수)	1주	(두 자리 수)÷(한 자리 수) (1)
		2주	(두 자리 수)÷(한 자리 수) (2)
		3주	(세 자리 수)÷(한 자리 수) (1)
		4주	(세 자리 수)÷(한 자리 수) (2)

MF 초등 3·4학년

권	제목	주차별 학습 내용	
1	(두 자리 수)×(두 자리 수)	1주	(두 자리 수)×(한 자리 수)
		2주	(두 자리 수)×(두 자리 수) (1)
		3주	(두 자리 수)×(두 자리 수) (2)
		4주	(두 자리 수)×(두 자리 수) (3)
2	(두·세 자리 수)×(두 자리 수)	1주	(두 자리 수)×(두 자리 수) (1)
		2주	(세 자리 수)×(두 자리 수) (1)
		3주	(세 자리 수)×(두 자리 수) (2)
		4주	곱셈의 완성
3	(두 자리 수)÷(두 자리 수)	1주	(두 자리 수)÷(두 자리 수) (1)
		2주	(두 자리 수)÷(두 자리 수) (2)
		3주	(두 자리 수)÷(두 자리 수) (3)
		4주	(두 자리 수)÷(두 자리 수) (4)
4	(세 자리 수)÷(두 자리 수)	1주	(세 자리 수)÷(두 자리 수) (1)
		2주	(세 자리 수)÷(두 자리 수) (2)
		3주	(세 자리 수)÷(두 자리 수) (3)
		4주	나눗셈의 완성
5	혼합 계산	1주	혼합 계산 (1)
		2주	혼합 계산 (2)
		3주	혼합 계산 (3)
		4주	곱셈과 나눗셈, 혼합 계산 총정리
6	분수의 덧셈과 뺄셈	1주	분수의 덧셈 (1)
		2주	분수의 덧셈 (2)
		3주	분수의 뺄셈 (1)
		4주	분수의 뺄셈 (2)
7	소수의 덧셈과 뺄셈	1주	분수의 덧셈과 뺄셈
		2주	소수의 기초, 소수의 덧셈과 뺄셈 (1)
		3주	소수의 덧셈과 뺄셈 (2)
		4주	소수의 덧셈과 뺄셈 (3)

주별 학습 내용 　MC단계 ❻권

MC단계 6권

받아내림이 있는
(두 자리 수)-(두 자리 수) (1)

1주차

요일	교재 번호	학습한 날짜		확인
1일차(월)	01~08	월	일	
2일차(화)	09~16	월	일	
3일차(수)	17~24	월	일	
4일차(목)	25~32	월	일	
5일차(금)	33~40	월	일	

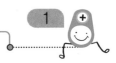

MC01 받아내림이 있는 (두 자리 수)−(두 자리 수) (1)

● 그림을 보고 뺄셈을 하세요.

(1)
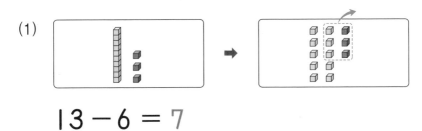

$$13 - 6 = 7$$

(2)

$$21 - 5 = 16$$

(3)
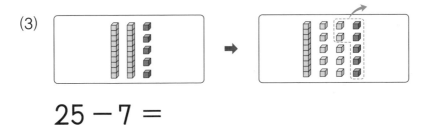

$$25 - 7 =$$

(4)
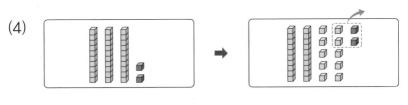

$$32 - 4 =$$

(5)

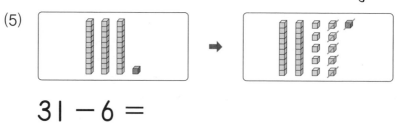

$31 - 6 =$

(6)

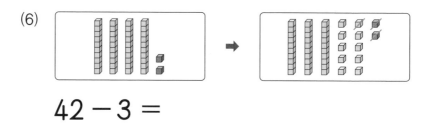

$42 - 3 =$

(7)

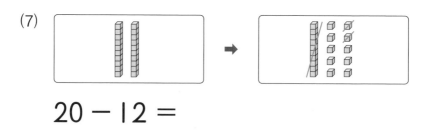

$20 - 12 =$

(8)

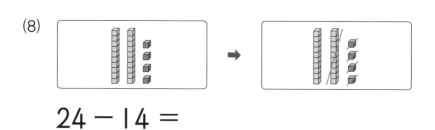

$24 - 14 =$

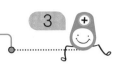

MC01 받아내림이 있는 (두 자리 수) − (두 자리 수) (1)

● 그림을 보고 뺄셈을 하세요.

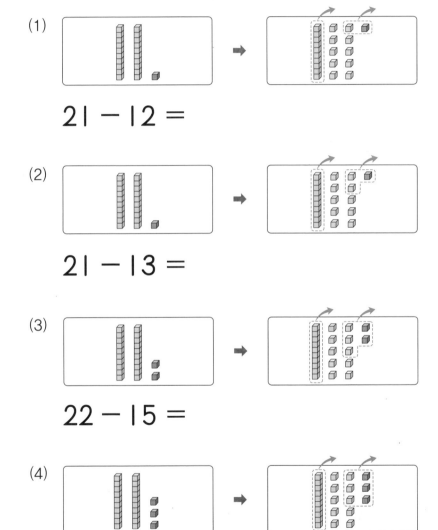

(1) $21 - 12 =$

(2) $21 - 13 =$

(3) $22 - 15 =$

(4) $23 - 16 =$

MC단계 ❻권 13

(5)

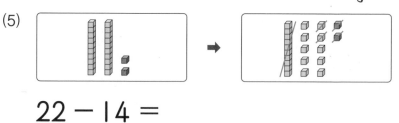

$22 - 14 =$

(6)

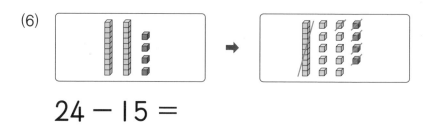

$24 - 15 =$

(7)

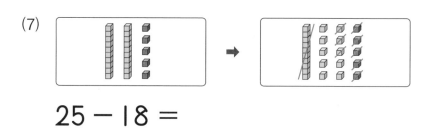

$25 - 18 =$

(8)

$24 - 19 =$

MC01 받아내림이 있는 (두 자리 수) − (두 자리 수) ⑴

● 그림을 보고 **뺄셈**을 하세요.

(1)

$$32 - 14 =$$

(2)

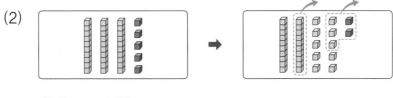

$$32 - 15 =$$

(3)

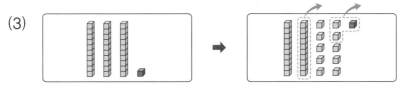

$$31 - 13 =$$

(4)

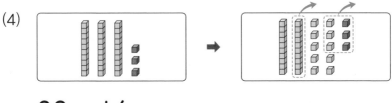

$$33 - 16 =$$

(5)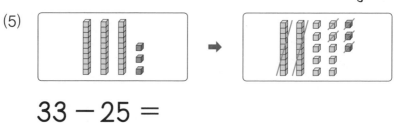

$$33 - 25 =$$

(6)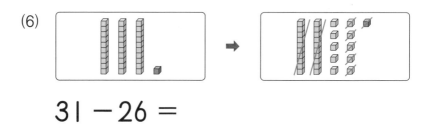

$$31 - 26 =$$

(7)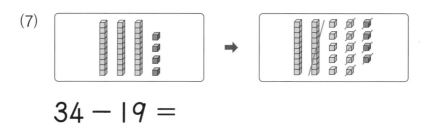

$$34 - 19 =$$

(8)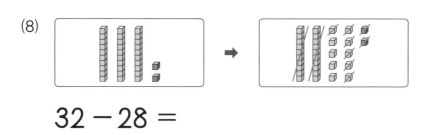

$$32 - 28 =$$

MC01 받아내림이 있는 (두 자리 수) - (두 자리 수) (1)

● 그림을 보고 **뺄셈**을 하세요.

(1)
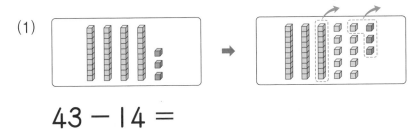

$$43 - 14 =$$

(2)
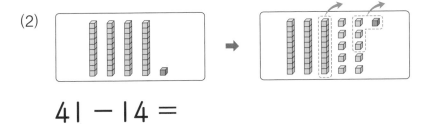

$$41 - 14 =$$

(3)
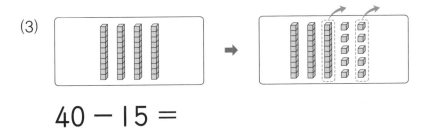

$$40 - 15 =$$

(4)
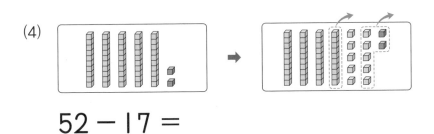

$$52 - 17 =$$

(5)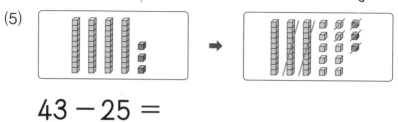

$$43 - 25 =$$

(6)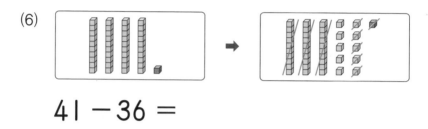

$$41 - 36 =$$

(7)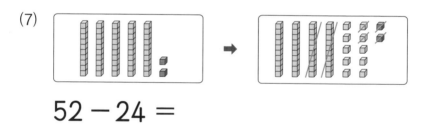

$$52 - 24 =$$

(8)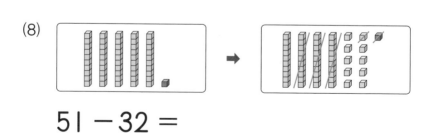

$$51 - 32 =$$

MC01 받아내림이 있는 (두 자리 수) − (두 자리 수) (1)

● 순서에 따라 계산하여 □ 안에 알맞은 수를 쓰세요.

(1) $22 - 15 = 22 - 10 - 5$
① ②

$= \boxed{12} - 5 = \boxed{7}$

(2) $22 - 13 = 22 - 10 - 3$
① ②

$= \boxed{12} - 3 = \boxed{9}$

(3) $20 - 14 = 20 - 10 - 4$
① ②

$= \boxed{} - 4 = \boxed{}$

(4) $21 - 16 = 21 - 10 - 6$
① ②

$= \boxed{} - 6 = \boxed{}$

Talk 받아내림이 있는 두 자리 수끼리의 뺄셈에서는 빼는 수를 몇십과 몇으로 갈라서 먼저 빼지는 수에서 몇십을 뺀 후, 몇을 빼어 계산합니다.

(5) $23 - 16 = 23 - 10 - 6$

    ① ② $= \boxed{} - 6 = \boxed{}$

(6) $25 - 17 = 25 - 10 - 7$

    ① ② $= \boxed{} - 7 = \boxed{}$

(7) $30 - 15 = 30 - 10 - 5$

    ① ② $= \boxed{} - 5 = \boxed{}$

(8) $32 - 16 = 32 - 10 - 6$

    ① ② $= \boxed{} - 6 = \boxed{}$

(9) $31 - 13 = 31 - 10 - 3$

    ① ② $= \boxed{} - 3 = \boxed{}$

MC01 받아내림이 있는 (두 자리 수) − (두 자리 수) ⑴

● 순서에 따라 계산하여 ☐ 안에 알맞은 수를 쓰세요.

⑴ $34 - 25 = 34 - 20 - 5$

                                  $= \boxed{14} - 5 = \boxed{}$

⑵ $32 - 24 = 32 - 20 - 4$

                                  $= \boxed{12} - 4 = \boxed{}$

⑶ $33 - 27 = 33 - 20 - 7$

                                  $= \boxed{} - 7 = \boxed{}$

⑷ $41 - 15 = 41 - 10 - 5$

                                  $= \boxed{} - 5 = \boxed{}$

(5) $40 - 12 = 40 - 10 - 2$
① ②
$= \boxed{} - 2 = \boxed{}$

(6) $43 - 27 = 43 - 20 - 7$
① ②
$= \boxed{} - 7 = \boxed{}$

(7) $42 - 24 = 42 - 20 - 4$
① ②
$= \boxed{} - 4 = \boxed{}$

(8) $45 - 39 = 45 - 30 - 9$
① ②
$= \boxed{} - 9 = \boxed{}$

(9) $44 - 36 = 44 - 30 - 6$
① ②
$= \boxed{} - 6 = \boxed{}$

MC01 받아내림이 있는 (두 자리 수) − (두 자리 수) (1)

● 순서에 따라 계산하여 ☐ 안에 알맞은 수를 쓰세요.

(1) $53 - 17 = 53 - \boxed{10} - 7$
① ②
$= \boxed{43} - 7 = \boxed{}$

(2) $55 - 17 = 55 - \boxed{10} - 7$
① ②
$= \boxed{} - 7 = \boxed{}$

(3) $50 - 15 = 50 - \boxed{} - 5$
① ②
$= \boxed{} - 5 = \boxed{}$

(4) $51 - 24 = 51 - \boxed{} - 4$
① ②
$= \boxed{} - 4 = \boxed{}$

(5) $52 - 26 = 52 - \boxed{} - 6$
① ②
$= \boxed{} - 6 = \boxed{}$

(6) $55 - 39 = 55 - \boxed{} - 9$
① ②
$= \boxed{} - 9 = \boxed{}$

(7) $54 - 36 = 54 - \boxed{} - 6$
① ②
$= \boxed{} - 6 = \boxed{}$

(8) $52 - 43 = 52 - \boxed{} - 3$
① ②
$= \boxed{} - 3 = \boxed{}$

(9) $56 - 48 = 56 - \boxed{} - 8$
① ②
$= \boxed{} - 8 = \boxed{}$

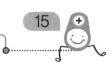

MC01 받아내림이 있는 (두 자리 수)−(두 자리 수) (1)

● 순서에 따라 계산하여 ☐ 안에 알맞은 수를 쓰세요.

(1) $62 - 14 = 62 - \boxed{} - 4$
　　①　②　$= \boxed{} - 4 = \boxed{}$

(2) $62 - 16 = 62 - \boxed{} - 6$
　　①　②　$= \boxed{} - 6 = \boxed{}$

(3) $61 - 27 = 61 - \boxed{} - 7$
　　①　②　$= \boxed{} - 7 = \boxed{}$

(4) $65 - 28 = 65 - \boxed{} - 8$
　　①　②　$= \boxed{} - 8 = \boxed{}$

(5) $64 - 35 = 64 - \boxed{} - 5$
① ②
$= \boxed{} - 5 = \boxed{}$

(6) $63 - 36 = 63 - \boxed{} - 6$
① ②
$= \boxed{} - 6 = \boxed{}$

(7) $60 - 44 = 60 - \boxed{} - 4$
① ②
$= \boxed{} - 4 = \boxed{}$

(8) $62 - 47 = 62 - \boxed{} - 7$
① ②
$= \boxed{} - 7 = \boxed{}$

(9) $68 - 59 = 68 - \boxed{} - 9$
① ②
$= \boxed{} - 9 = \boxed{}$

MC01 받아내림이 있는 (두 자리 수) − (두 자리 수) (1)

● 순서에 따라 계산하여 ☐ 안에 알맞은 수를 쓰세요.

(1) $24 - 16 = 24 - \boxed{} - 6$

$= \boxed{14} - 6 = \boxed{}$

①②

(2) $31 - 18 = 31 - \boxed{} - 8$

$= \boxed{21} - 8 = \boxed{}$

①②

(3) $42 - 27 = 42 - \boxed{} - 7$

$= \boxed{} - 7 = \boxed{}$

①②

(4) $55 - 16 = 55 - \boxed{} - 6$

$= \boxed{} - 6 = \boxed{}$

①②

(5) $23 - 17 = 23 - \boxed{} - 7$

①②

$= \boxed{} - 7 = \boxed{}$

(6) $32 - 27 = 32 - \boxed{} - 7$

①②

$= \boxed{} - 7 = \boxed{}$

(7) $46 - 38 = 46 - \boxed{} - 8$

①②

$= \boxed{} - 8 = \boxed{}$

(8) $51 - 29 = 51 - \boxed{} - 9$

①②

$= \boxed{} - 9 = \boxed{}$

(9) $60 - 35 = 60 - \boxed{} - 5$

①②

$= \boxed{} - 5 = \boxed{}$

MC01 받아내림이 있는 (두 자리 수) − (두 자리 수) (1)

● 순서에 따라 계산하여 ☐ 안에 알맞은 수를 쓰세요.

(1) $70 - 18 = 70 - \boxed{} - 8$

①___②___ $= \boxed{60} - 8 = \boxed{}$

(2) $72 - 19 = 72 - \boxed{} - 9$

①___②___ $= \boxed{62} - 9 = \boxed{}$

(3) $74 - 25 = 74 - \boxed{} - 5$

①___②___ $= \boxed{} - 5 = \boxed{}$

(4) $76 - 28 = 76 - \boxed{} - 8$

①___②___ $= \boxed{} - 8 = \boxed{}$

(5) $72 - 36 = 72 - \boxed{} - 6$
① ②
$= \boxed{} - 6 = \boxed{}$

(6) $71 - 33 = 71 - \boxed{} - 3$
① ②
$= \boxed{} - 3 = \boxed{}$

(7) $75 - 49 = 75 - \boxed{} - 9$
① ②
$= \boxed{} - 9 = \boxed{}$

(8) $73 - 56 = 73 - \boxed{} - 6$
① ②
$= \boxed{} - 6 = \boxed{}$

(9) $71 - 64 = 71 - \boxed{} - 4$
① ②
$= \boxed{} - 4 = \boxed{}$

MC01 받아내림이 있는 (두 자리 수) - (두 자리 수) (1)

● 순서에 따라 계산하여 ☐ 안에 알맞은 수를 쓰세요.

(1) $82 - 15 = 82 - \boxed{} - 5$

①② $= \boxed{} - 5 = \boxed{}$

(2) $83 - 14 = 83 - \boxed{} - 4$

①② $= \boxed{} - 4 = \boxed{}$

(3) $80 - 28 = 80 - \boxed{} - 8$

①② $= \boxed{} - 8 = \boxed{}$

(4) $81 - 23 = 81 - \boxed{} - 3$

①② $= \boxed{} - 3 = \boxed{}$

(5) $86 - 39 = 86 - \boxed{} - 9$
① ②
$= \boxed{} - 9 = \boxed{}$

(6) $82 - 44 = 82 - \boxed{} - 4$
① ②
$= \boxed{} - 4 = \boxed{}$

(7) $81 - 56 = 81 - \boxed{} - 6$
① ②
$= \boxed{} - 6 = \boxed{}$

(8) $85 - 67 = 85 - \boxed{} - 7$
① ②
$= \boxed{} - 7 = \boxed{}$

(9) $83 - 75 = 83 - \boxed{} - 5$
① ②
$= \boxed{} - 5 = \boxed{}$

MC01 받아내림이 있는 (두 자리 수) - (두 자리 수) (1)

● 순서에 따라 계산하여 ☐ 안에 알맞은 수를 쓰세요.

(1) $91 - 14 = 91 - \boxed{} - 4$
  ① ②
    $= \boxed{} - 4 = \boxed{}$

(2) $90 - 17 = 90 - \boxed{} - 7$
  ① ②
    $= \boxed{} - 7 = \boxed{}$

(3) $92 - 25 = 92 - \boxed{} - 5$
  ① ②
    $= \boxed{} - 5 = \boxed{}$

(4) $91 - 36 = 91 - \boxed{} - 6$
  ① ②
    $= \boxed{} - 6 = \boxed{}$

(5) $93 - 48 = 93 - \boxed{} - 8$

　①　②　$= \boxed{} - 8 = \boxed{}$

(6) $92 - 59 = 92 - \boxed{} - 9$

　①　②　$= \boxed{} - 9 = \boxed{}$

(7) $94 - 65 = 94 - \boxed{} - 5$

　①　②　$= \boxed{} - 5 = \boxed{}$

(8) $92 - 74 = 92 - \boxed{} - 4$

　①　②　$= \boxed{} - 4 = \boxed{}$

(9) $92 - 86 = 92 - \boxed{} - 6$

　①　②　$= \boxed{} - 6 = \boxed{}$

MC01 받아내림이 있는 (두 자리 수) − (두 자리 수) (1)

● 뺄셈을 하세요.

(1) $13 - 8 =$

(2) $13 - 9 =$

(3) $15 - 6 =$

(4) $15 - 8 =$

(5) $20 - 5 =$

(6) $20 - 10 =$

(7) $16 - 8 =$

(8) $17 - 9 =$

(9) $11 - 3 =$

(10) $12 - 5 =$

(11) $12 - 8 =$

(12) $12 - 9 =$

(13) $14 - 5 =$

(14) $14 - 8 =$

(15) $16 - 9 =$

(16) $16 - 6 =$

(17) $17 - 8 =$

MC01 받아내림이 있는 (두 자리 수)−(두 자리 수) (1)

● 뺄셈을 하세요.

(1) $20 - 16 =$

(2) $20 - 18 =$

(3) $24 - 15 =$

(4) $32 - 17 =$

(5) $31 - 17 =$

(6) $36 - 19 =$

(7) $30 - 25 =$

(8) $33 - 26 =$

(9) $23 - 17 =$

(10) $21 - 14 =$

(11) $22 - 19 =$

(12) $33 - 14 =$

(13) $34 - 18 =$

(14) $35 - 27 =$

(15) $32 - 23 =$

(16) $30 - 19 =$

(17) $31 - 24 =$

MC01 받아내림이 있는 (두 자리 수) - (두 자리 수) (1)

● 뺄셈을 하세요.

(1) $40 - 13 =$

(2) $42 - 13 =$

(3) $41 - 15 =$

(4) $44 - 26 =$

(5) $53 - 15 =$

(6) $53 - 18 =$

(7) $52 - 24 =$

(8) $55 - 29 =$

(9) $41 - 24 =$

(10) $46 - 39 =$

(11) $43 - 28 =$

(12) $51 - 32 =$

(13) $54 - 36 =$

(14) $50 - 48 =$

(15) $45 - 37 =$

(16) $52 - 45 =$

(17) $51 - 19 =$

MC01 받아내림이 있는 (두 자리 수)−(두 자리 수) (1)

● 뺄셈을 하세요.

(1) $23 - 14 =$

(2) $28 - 16 =$

(3) $32 - 23 =$

(4) $34 - 17 =$

(5) $41 - 15 =$

(6) $42 - 18 =$

(7) $40 - 18 =$

(8) $43 - 39 =$

(9) $33 - 19 =$

(10) $34 - 16 =$

(11) $35 - 21 =$

(12) $42 - 23 =$

(13) $43 - 26 =$

(14) $45 - 28 =$

(15) $54 - 36 =$

(16) $61 - 48 =$

(17) $76 - 49 =$

MC01 받아내림이 있는 (두 자리 수) - (두 자리 수) (1)

● 뺄셈을 하세요.

(1) $25 - 17 =$

(2) $32 - 23 =$

(3) $45 - 19 =$

(4) $50 - 36 =$

(5) $61 - 22 =$

(6) $74 - 58 =$

(7) $82 - 45 =$

(8) $93 - 38 =$

(9) $92 - 85 =$

(10) $53 - 25 =$

(11) $70 - 22 =$

(12) $31 - 15 =$

(13) $28 - 19 =$

(14) $42 - 36 =$

(15) $86 - 59 =$

(16) $64 - 48 =$

(17) $91 - 47 =$

MC01 받아내림이 있는 (두 자리 수) − (두 자리 수) (1)

● 뺄셈을 하세요.

(1) 33 − 15 =

(2) 36 − 17 =

(3) 52 − 13 =

(4) 44 − 18 =

(5) 54 − 16 =

(6) 60 − 15 =

(7) 22 − 19 =

(8) 41 − 16 =

(9) $60 - 17 =$

(10) $64 - 35 =$

(11) $55 - 19 =$

(12) $42 - 25 =$

(13) $63 - 13 =$

(14) $62 - 39 =$

(15) $82 - 17 =$

(16) $83 - 13 =$

(17) $92 - 23 =$

MC01 받아내림이 있는 (두 자리 수) − (두 자리 수) (1)

● |보기|와 같이 틀린 답을 바르게 고치세요.

> ┤보기├
>
> $$32 - 15 = \boxed{\cancel{27}}$$
>
> 17

(1) $21 - 14 = \boxed{17}$

(2) $43 - 17 = \boxed{36}$

(3) $74 - 35 = \boxed{49}$

(4) $52 - 26 = \boxed{34}$

(5) $60 - 43 = \boxed{27}$

 받아내림이 있는 두 자리 수끼리의 뺄셈에서 잘 틀리는 오류는 받아내림하고 남은 십의 자리 수로
Talk 빼지 않는 경우, 빼는 수의 일의 자리 수에서 빼지는 수의 일의 자리 수를 빼는 경우입니다.

(6) $32 - 24 = \boxed{12}$

(7) $90 - 18 = \boxed{62}$

(8) $55 - 37 = \boxed{17}$

(9) $71 - 42 = \boxed{39}$

(10) $83 - 68 = \boxed{25}$

(11) $26 - 19 = \boxed{13}$

(12) $44 - 26 = \boxed{22}$

(13) $61 - 37 = \boxed{23}$

받아내림이 있는 (두 자리 수) − (두 자리 수) (1)

● 빈칸에 알맞은 수를 쓰세요.

−	26	27	28	29
50	24	23		
51			23	22
52		25	24	
53	27			24
54		27		25
55	29		27	

● 빈칸에 알맞은 수를 쓰세요.

−	36	37	38	39
40	4		2	
50		13		11
60	24	23		
70			32	31
80		43	42	
90	54			51

받아내림이 있는
(두 자리 수)−(두 자리 수) (2)

2주차

요일	교재 번호	학습한 날짜		확인
1일차(월)	01~08	월	일	
2일차(화)	09~16	월	일	
3일차(수)	17~24	월	일	
4일차(목)	25~32	월	일	
5일차(금)	33~40	월	일	

1

● □ 안에 알맞은 수를 쓰세요.

(1)
```
    2 5              2 5
  − 1 2      →     − 1 2
  ───────          ───────
      □              □ □
```

(2)
```
    3 6              3 6
  − 2 4      →     − 2 4
  ───────          ───────
      □              □ □
```

(3)
```
    4 8              4 8
  − 1 7      →     − 1 7
  ───────          ───────
      □              □ □
```

(4)
```
   5 7        5 7
 - 3 4   →  - 3 4
 ─────      ─────
   [ ]      [ ][ ]
```

(5)
```
   6 9        6 9
 - 1 3   →  - 1 3
 ─────      ─────
   [ ]      [ ][ ]
```

(6)
```
   7 4        7 4
 - 5 4   →  - 5 4
 ─────      ─────
   [ ]      [ ][ ]
```

(7)
```
   8 3        8 3
 - 2 1   →  - 2 1
 ─────      ─────
   [ ]      [ ][ ]
```

3

● ☐ 안에 알맞은 수를 쓰세요.

(1)

```
   [2] [10]              [2] [10]
    3̶  5                 3̶  5
  − 1  6      →        − 1  6
  ─────                ─────
       9                 1  9
```

(2)

```
   [2] [10]              [2] [10]
    3̶  8                 3̶  8
  − 1  9      →        − 1  9
  ─────                ─────
       9                 1  9
```

(3)

```
   [ ] [ ]              [ ] [ ]
    3̶  4                 3̶  4
  − 1  7      →        − 1  7
  ─────                ─────
     [ ]                [ ][ ]
```

● 이렇게 지도해 주세요.

일의 자리 수끼리 뺄 수 없을 때에는 십의 자리에서 10을 받아내림하여 계산해요. 이때, 십의 자리
에서 10을 받아내림하면 십의 자리 수는 1 작아지므로 받아내림한 수를 십의 자리와 일의 자리의
위치에 정확하게 표시하여 실수하지 않도록 지도해 주세요.

(4)

```
    □ □              □ □
    3̷ 2             3̷ 2
  - 1 5    →      - 1 5
  ───────         ───────
      □             □ □
```

(5)

```
    □ □              □ □
    3̷ 3             3̷ 3
  - 1 6    →      - 1 6
  ───────         ───────
      □             □ □
```

(6)

```
    □ □              □ □
    3̷ 7             3̷ 7
  - 1 9    →      - 1 9
  ───────         ───────
      □             □ □
```

(7)

```
    □ □              □ □
    3̷ 1             3̷ 1
  - 1 8    →      - 1 8
  ───────         ───────
      □             □ □
```

MC02 받아내림이 있는 (두 자리 수)−(두 자리 수) (2)

● ☐ 안에 알맞은 수를 쓰세요.

(1)

```
  □ □              □ □
  4̸ 0              4̸ 0
- 1 3      →     - 1 3
─────            ─────
    □            □ □
```

(2)

```
  □ □              □ □
  4̸ 1              4̸ 1
- 2 3      →     - 2 3
─────            ─────
    □            □ □
```

(3)

```
  □ □              □ □
  4̸ 4              4̸ 4
- 1 5      →     - 1 5
─────            ─────
    □            □ □
```

(4)

$$
\begin{array}{c|c}
\square & \square \\
\cancel{4} & 3 \\
-\ 1 & 8 \\
\hline
 & \square \\
\end{array}
\quad\longrightarrow\quad
\begin{array}{c|c}
\square & \square \\
\cancel{4} & 3 \\
-\ 1 & 8 \\
\hline
\square & \square \\
\end{array}
$$

(5)

$$
\begin{array}{c|c}
\square & \square \\
\cancel{4} & 5 \\
-\ 2 & 7 \\
\hline
 & \square \\
\end{array}
\quad\longrightarrow\quad
\begin{array}{c|c}
\square & \square \\
\cancel{4} & 5 \\
-\ 2 & 7 \\
\hline
\square & \square \\
\end{array}
$$

(6)

$$
\begin{array}{c|c}
\square & \square \\
\cancel{4} & 8 \\
-\ 2 & 9 \\
\hline
 & \square \\
\end{array}
\quad\longrightarrow\quad
\begin{array}{c|c}
\square & \square \\
\cancel{4} & 8 \\
-\ 2 & 9 \\
\hline
\square & \square \\
\end{array}
$$

(7)

$$
\begin{array}{c|c}
\square & \square \\
\cancel{4} & 2 \\
-\ 2 & 7 \\
\hline
 & \square \\
\end{array}
\quad\longrightarrow\quad
\begin{array}{c|c}
\square & \square \\
\cancel{4} & 2 \\
-\ 2 & 7 \\
\hline
\square & \square \\
\end{array}
$$

MC02 받아내림이 있는 (두 자리 수) − (두 자리 수) (2)

● ☐ 안에 알맞은 수를 쓰세요.

(1)

```
  □ □        □ □
  5̶ 3        5̶ 3
− 1 5   →  − 1 5
───────    ───────
    □        □ □
```

(2)

```
  □ □        □ □
  5̶ 4        5̶ 4
− 2 6   →  − 2 6
───────    ───────
    □        □ □
```

(3)

```
  □ □        □ □
  5̶ 2        5̶ 2
− 3 9   →  − 3 9
───────    ───────
    □        □ □
```

(4)

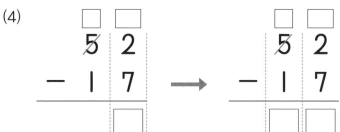

(5)

(6)

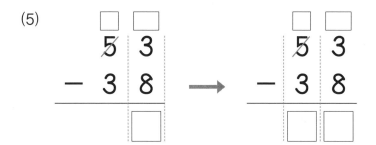

(7)

MC02 받아내림이 있는 (두 자리 수) − (두 자리 수) (2)

● □ 안에 알맞은 수를 쓰세요.

(1)

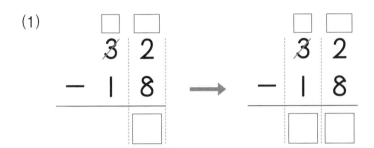

```
    □ □              □ □
    3̸ 2              3̸ 2
  −  1 8    →      −  1 8
  ─────            ─────
        □          □ □
```

(2)
```
    □ □              □ □
    4̸ 5              4̸ 5
  −  1 6    →      −  1 6
  ─────            ─────
        □          □ □
```

(3)
```
    □ □              □ □
    5̸ 0              5̸ 0
  −  1 3    →      −  1 3
  ─────            ─────
        □          □ □
```

(4)

$$
\begin{array}{r}
\square\ \square \\
3\!\!\!/\ \ 6 \\
-\ 1\ \ 8 \\
\hline
\square
\end{array}
\longrightarrow
\begin{array}{r}
\square\ \square \\
3\!\!\!/\ \ 6 \\
-\ 1\ \ 8 \\
\hline
\square\ \square
\end{array}
$$

(5)

$$
\begin{array}{r}
\square\ \square \\
5\!\!\!/\ \ 1 \\
-\ 3\ \ 2 \\
\hline
\square
\end{array}
\longrightarrow
\begin{array}{r}
\square\ \square \\
5\!\!\!/\ \ 1 \\
-\ 3\ \ 2 \\
\hline
\square\ \square
\end{array}
$$

(6)

$$
\begin{array}{r}
\square\ \square \\
3\!\!\!/\ \ 0 \\
-\ 1\ \ 1 \\
\hline
\square
\end{array}
\longrightarrow
\begin{array}{r}
\square\ \square \\
3\!\!\!/\ \ 0 \\
-\ 1\ \ 1 \\
\hline
\square\ \square
\end{array}
$$

(7)

$$
\begin{array}{r}
\square\ \square \\
4\!\!\!/\ \ 2 \\
-\ 2\ \ 9 \\
\hline
\square
\end{array}
\longrightarrow
\begin{array}{r}
\square\ \square \\
4\!\!\!/\ \ 2 \\
-\ 2\ \ 9 \\
\hline
\square\ \square
\end{array}
$$

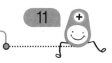

MC02 받아내림이 있는 (두 자리 수) − (두 자리 수) (2)

● ☐ 안에 알맞은 수를 쓰세요.

(1)
```
  ☐ ☐
  2 5
− 1 9
─────
    ☐
```

(4)
```
  ☐ ☐
  2 2
− 1 9
─────
    ☐
```

(2)
```
  ☐ ☐
  2 3
− 1 8
─────
    ☐
```

(5)
```
  ☐ ☐
  2 0
− 1 5
─────
    ☐
```

(3)
```
  ☐ ☐
  2 1
− 1 7
─────
    ☐
```

(6)
```
  ☐ ☐
  2 2
− 1 6
─────
    ☐
```

(7)
```
   □  □
   2  2
 − 1  7
 ───────
      □
```

(11)
```
   □  □
   2  4
 − 1  5
 ───────
      □
```

(8)
```
   □  □
   2  6
 − 1  9
 ───────
      □
```

(12)
```
   □  □
   2  7
 − 1  9
 ───────
      □
```

(9)
```
   □  □
   2  3
 − 1  6
 ───────
      □
```

(13)
```
   □  □
   2  1
 − 1  6
 ───────
      □
```

(10)
```
   □  □
   2  6
 − 1  8
 ───────
      □
```

(14)
```
   □  □
   2  8
 − 1  9
 ───────
      □
```

MC02 받아내림이 있는 (두 자리 수) − (두 자리 수) (2)

● ☐ 안에 알맞은 수를 쓰세요.

(1)
```
    ☐  ☐
    3̷  0
 −  1  7
 ─────────
    ☐  ☐
```

(4)
```
    ☐  ☐
    3̷  5
 −  1  7
 ─────────
    ☐  ☐
```

(2)
```
    ☐  ☐
    3̷  1
 −  2  4
 ─────────
       ☐
```

(5)
```
    ☐  ☐
    3̷  4
 −  2  8
 ─────────
       ☐
```

(3)
```
    ☐  ☐
    3̷  6
 −  2  7
 ─────────
       ☐
```

(6)
```
    ☐  ☐
    3̷  2
 −  1  9
 ─────────
    ☐  ☐
```

(7)
$$\begin{array}{c}\square\ \square\\ \not{3}\ \ 3\\ -\ 1\ \ 8\\ \hline \square\ \square\end{array}$$

(11)
$$\begin{array}{c}\square\ \square\\ \not{3}\ \ 0\\ -\ 2\ \ 8\\ \hline \ \ \ \square\end{array}$$

(8)
$$\begin{array}{c}\square\ \square\\ \not{3}\ \ 5\\ -\ 2\ \ 7\\ \hline \ \ \ \square\end{array}$$

(12)
$$\begin{array}{c}\square\ \square\\ \not{3}\ \ 7\\ -\ 1\ \ 8\\ \hline \square\ \square\end{array}$$

(9)
$$\begin{array}{c}\square\ \square\\ \not{3}\ \ 4\\ -\ 1\ \ 5\\ \hline \square\ \square\end{array}$$

(13)
$$\begin{array}{c}\square\ \square\\ \not{3}\ \ 6\\ -\ 2\ \ 9\\ \hline \ \ \ \square\end{array}$$

(10)
$$\begin{array}{c}\square\ \square\\ \not{3}\ \ 2\\ -\ 1\ \ 4\\ \hline \square\ \square\end{array}$$

(14)
$$\begin{array}{c}\square\ \square\\ \not{3}\ \ 1\\ -\ 2\ \ 5\\ \hline \ \ \ \square\end{array}$$

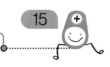

MC02 받아내림이 있는 (두 자리 수) - (두 자리 수) (2)

● □ 안에 알맞은 수를 쓰세요.

(1)

$$
\begin{array}{c}
\boxed{}\ \boxed{} \\
\cancel{2}\ \ 1 \\
-\ 1\ \ 2 \\
\hline
\ \ \boxed{}
\end{array}
$$

(4)

$$
\begin{array}{c}
\boxed{}\ \boxed{} \\
\cancel{3}\ \ 2 \\
-\ 1\ \ 6 \\
\hline
\boxed{}\ \boxed{}
\end{array}
$$

(2)

$$
\begin{array}{c}
\boxed{}\ \boxed{} \\
\cancel{2}\ \ 0 \\
-\ 1\ \ 9 \\
\hline
\ \ \boxed{}
\end{array}
$$

(5)

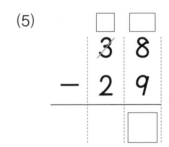

(3)

$$
\begin{array}{c}
\boxed{}\ \boxed{} \\
\cancel{2}\ \ 4 \\
-\ 1\ \ 7 \\
\hline
\ \ \boxed{}
\end{array}
$$

(6)

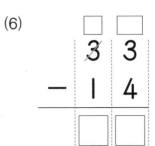

(7)
$$\begin{array}{cc} \square & \square \\ 3 & 1 \\ -\ 2 & 7 \\ \hline & \square \end{array}$$

(11)
$$\begin{array}{cc} \square & \square \\ 2 & 3 \\ -\ 1 & 4 \\ \hline & \square \end{array}$$

(8)
$$\begin{array}{cc} \square & \square \\ 2 & 2 \\ -\ 1 & 5 \\ \hline & \square \end{array}$$

(12)
$$\begin{array}{cc} \square & \square \\ 3 & 4 \\ -\ 1 & 9 \\ \hline \square & \square \end{array}$$

(9)
$$\begin{array}{cc} \square & \square \\ 3 & 6 \\ -\ 1 & 8 \\ \hline \square & \square \end{array}$$

(13)
$$\begin{array}{cc} \square & \square \\ 3 & 5 \\ -\ 2 & 6 \\ \hline & \square \end{array}$$

(10)
$$\begin{array}{cc} \square & \square \\ 2 & 7 \\ -\ 1 & 8 \\ \hline & \square \end{array}$$

(14)
$$\begin{array}{cc} \square & \square \\ 2 & 4 \\ -\ 1 & 8 \\ \hline & \square \end{array}$$

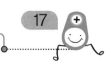

MC02 받아내림이 있는 (두 자리 수) − (두 자리 수) (2)

● □ 안에 알맞은 수를 쓰세요.

(1)
```
    □ □
    2̷ 0
  − 1 2
  ───────
      □
```

(4)
```
    □ □
    3̷ 0
  − 2 5
  ───────
      □
```

(2)
```
    □ □
    3̷ 1
  − 1 3
  ───────
    □ □
```

(5)
```
    □ □
    2̷ 6
  − 1 7
  ───────
      □
```

(3)
```
    □ □
    2̷ 2
  − 1 3
  ───────
      □
```

(6)
```
    □ □
    3̷ 7
  − 1 9
  ───────
    □ □
```

(7)
```
    □   □
    2   5
  - 1   8
  ─────────
        □
```

(11)
```
    □   □
    3   0
  - 2   1
  ─────────
        □
```

(8)
```
    □   □
    2   3
  - 1   5
  ─────────
        □
```

(12)
```
    □   □
    2   1
  - 1   4
  ─────────
        □
```

(9)
```
    □   □
    3   2
  - 2   7
  ─────────
        □
```

(13)
```
    □   □
    3   4
  - 1   5
  ─────────
    □   □
```

(10)
```
    □   □
    3   5
  - 2   8
  ─────────
        □
```

(14)
```
    □   □
    2   6
  - 1   9
  ─────────
        □
```

MC02 받아내림이 있는 (두 자리 수)−(두 자리 수) (2)

● ☐ 안에 알맞은 수를 쓰세요.

(1)
```
    ☐ ☐
    4 4
  −  1 7
  ─────
    ☐ ☐
```

(4)
```
      ☐ ☐
      4 6
  −   3 8
  ───────
        ☐
```

(2)
```
    ☐ ☐
    4 3
  −  2 5
  ─────
    ☐ ☐
```

(5)
```
    ☐ ☐
    4 1
  −  1 4
  ─────
    ☐ ☐
```

(3)
```
    ☐ ☐
    4 8
  −  3 9
  ─────
      ☐
```

(6)
```
    ☐ ☐
    4 2
  −  2 6
  ─────
    ☐ ☐
```

(7)

```
    □ □
    4̶ 5
  －2 8
    □ □
```

(11)

```
    □ □
    4̶ 2
  －1 4
    □ □
```

(8)

```
    □ □
    4̶ 1
  －3 5
      □
```

(12)

```
    □ □
    4̶ 3
  －2 9
    □ □
```

(9)

```
    □ □
    4̶ 4
  －1 6
    □ □
```

(13)

```
    □ □
    4̶ 0
  －3 8
      □
```

(10)

```
    □ □
    4̶ 3
  －2 7
    □ □
```

(14)

```
    □ □
    4̶ 1
  －1 9
    □ □
```

MC02 받아내림이 있는 (두 자리 수) - (두 자리 수) (2)

● □ 안에 알맞은 수를 쓰세요.

(1)
```
    □ □
    5̸ 1
 -  1 4
 ───────
    □ □
```

(4)
```
    □ □
    5̸ 2
 -  3 8
 ───────
    □ □
```

(2)
```
    □ □
    5̸ 3
 -  2 9
 ───────
    □ □
```

(5)
```
    □ □
    5̸ 4
 -  1 6
 ───────
    □ □
```

(3)
```
    □ □
    5̸ 5
 -  3 7
 ───────
    □ □
```

(6)
```
    □ □
    5̸ 2
 -  2 3
 ───────
    □ □
```

(7)

$$
\begin{array}{r}
\square\ \square \\
\not{5}\ 4 \\
-\ 1\ 8 \\
\hline
\square\ \square
\end{array}
$$

(11)

$$
\begin{array}{r}
\square\ \square \\
\not{5}\ 3 \\
-\ 4\ 5 \\
\hline
\square
\end{array}
$$

(8)

$$
\begin{array}{r}
\square\ \square \\
\not{5}\ 0 \\
-\ 3\ 6 \\
\hline
\square\ \square
\end{array}
$$

(12)

$$
\begin{array}{r}
\square\ \square \\
\not{5}\ 5 \\
-\ 1\ 9 \\
\hline
\square\ \square
\end{array}
$$

(9)

$$
\begin{array}{r}
\square\ \square \\
\not{5}\ 1 \\
-\ 2\ 9 \\
\hline
\square\ \square
\end{array}
$$

(13)

$$
\begin{array}{r}
\square\ \square \\
\not{5}\ 7 \\
-\ 2\ 8 \\
\hline
\square\ \square
\end{array}
$$

(10)

$$
\begin{array}{r}
\square\ \square \\
\not{5}\ 6 \\
-\ 2\ 8 \\
\hline
\square\ \square
\end{array}
$$

(14)

$$
\begin{array}{r}
\square\ \square \\
\not{5}\ 1 \\
-\ 1\ 3 \\
\hline
\square\ \square
\end{array}
$$

MC02 받아내림이 있는 (두 자리 수)−(두 자리 수) (2)

● ☐ 안에 알맞은 수를 쓰세요.

(1)
```
    ☐ ☐
    4 0
  − 1 3
  ─────
    ☐ ☐
```

(4)
```
    ☐ ☐
    5 2
  − 1 4
  ─────
    ☐ ☐
```

(2)
```
    ☐ ☐
    4 3
  − 2 6
  ─────
    ☐ ☐
```

(5)
```
    ☐ ☐
    5 7
  − 3 9
  ─────
    ☐ ☐
```

(3)
```
    ☐ ☐
    4 5
  − 1 9
  ─────
    ☐ ☐
```

(6)
```
    ☐ ☐
    5 1
  − 1 5
  ─────
    ☐ ☐
```

(7)
```
    □ □
    4̶ 2
  - 3 8
  ─────
      □
```

(11)
```
    □ □
    5̶ 5
  - 2 8
  ─────
    □ □
```

(8)
```
    □ □
    5̶ 0
  - 1 1
  ─────
    □ □
```

(12)
```
    □ □
    4̶ 7
  - 1 9
  ─────
    □ □
```

(9)
```
    □ □
    5̶ 6
  - 4 9
  ─────
      □
```

(13)
```
    □ □
    4̶ 1
  - 2 6
  ─────
    □ □
```

(10)
```
    □ □
    4̶ 4
  - 2 5
  ─────
    □ □
```

(14)
```
    □ □
    5̶ 5
  - 1 8
  ─────
    □ □
```

MC02 받아내림이 있는 (두 자리 수) - (두 자리 수) (2)

● ☐ 안에 알맞은 수를 쓰세요.

(1)
```
    ☐ ☐
    4̶ 6
  -  2 7
  ─────
    ☐ ☐
```

(4)
```
    ☐ ☐
    4̶ 5
  -  1 6
  ─────
    ☐ ☐
```

(2)
```
    ☐ ☐
    5̶ 4
  -  3 7
  ─────
    ☐ ☐
```

(5)
```
    ☐ ☐
    5̶ 2
  -  4 5
  ─────
      ☐
```

(3)
```
    ☐ ☐
    4̶ 0
  -  3 2
  ─────
      ☐
```

(6)
```
    ☐ ☐
    5̶ 3
  -  1 7
  ─────
    ☐ ☐
```

(7)
```
    □ □
    5̶ 1
  -   4 2
  ─────────
        □
```

(11)
```
    □ □
    4̶ 4
  -   2 9
  ─────────
      □ □
```

(8)
```
    □ □
    4̶ 8
  -   1 9
  ─────────
      □ □
```

(12)
```
    □ □
    4̶ 0
  -   3 6
  ─────────
        □
```

(9)
```
    □ □
    5̶ 0
  -   2 4
  ─────────
      □ □
```

(13)
```
    □ □
    5̶ 3
  -   3 8
  ─────────
      □ □
```

(10)
```
    □ □
    4̶ 2
  -   3 5
  ─────────
        □
```

(14)
```
    □ □
    5̶ 6
  -   1 7
  ─────────
      □ □
```

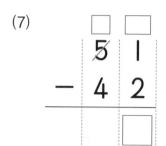
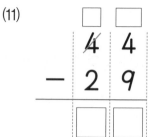

MC02 받아내림이 있는 (두 자리 수) - (두 자리 수) (2)

● ☐ 안에 알맞은 수를 쓰세요.

(1)

```
   ☐ ☐
   6̸ 1
 -  1 3
 ─────
   ☐ ☐
```

(4)

```
   ☐ ☐
   6̸ 3
 -  4 5
 ─────
   ☐ ☐
```

(2)

```
   ☐ ☐
   6̸ 2
 -  2 7
 ─────
   ☐ ☐
```

(5)

```
   ☐ ☐
   6̸ 6
 -  5 9
 ─────
     ☐
```

(3)

```
   ☐ ☐
   6̸ 5
 -  3 9
 ─────
   ☐ ☐
```

(6)

```
   ☐ ☐
   6̸ 4
 -  2 8
 ─────
   ☐ ☐
```

(7)
$$
\begin{array}{r}
\square\ \square \\
\not6\ \ 2 \\
-\ 2\ \ 6 \\
\hline
\square\ \square
\end{array}
$$

(11)
$$
\begin{array}{r}
\square\ \square \\
\not6\ \ 1 \\
-\ 3\ \ 5 \\
\hline
\square\ \square
\end{array}
$$

(8)
$$
\begin{array}{r}
\square\ \square \\
\not6\ \ 6 \\
-\ 4\ \ 8 \\
\hline
\square\ \square
\end{array}
$$

(12)
$$
\begin{array}{r}
\square\ \square \\
\not6\ \ 2 \\
-\ 2\ \ 4 \\
\hline
\square\ \square
\end{array}
$$

(9)
$$
\begin{array}{r}
\square\ \square \\
\not6\ \ 8 \\
-\ 5\ \ 9 \\
\hline
\ \ \square
\end{array}
$$

(13)
$$
\begin{array}{r}
\square\ \square \\
\not6\ \ 5 \\
-\ 3\ \ 8 \\
\hline
\square\ \square
\end{array}
$$

(10)
$$
\begin{array}{r}
\square\ \square \\
\not6\ \ 3 \\
-\ 3\ \ 5 \\
\hline
\square\ \square
\end{array}
$$

(14)
$$
\begin{array}{r}
\square\ \square \\
\not6\ \ 7 \\
-\ 1\ \ 9 \\
\hline
\square\ \square
\end{array}
$$

MC02 받아내림이 있는 (두 자리 수) − (두 자리 수) (2)

● ☐ 안에 알맞은 수를 쓰세요.

(1)
$$
\begin{array}{r}
\square\ \square \\
\not{7}\ 2 \\
-\ 1\ 6 \\
\hline
\square\ \square
\end{array}
$$

(4)
$$
\begin{array}{r}
\square\ \square \\
\not{7}\ 4 \\
-\ 4\ 5 \\
\hline
\square\ \square
\end{array}
$$

(2)
$$
\begin{array}{r}
\square\ \square \\
\not{7}\ 3 \\
-\ 2\ 7 \\
\hline
\square\ \square
\end{array}
$$

(5)
$$
\begin{array}{r}
\square\ \square \\
\not{7}\ 4 \\
-\ 5\ 9 \\
\hline
\square\ \square
\end{array}
$$

(3)
$$
\begin{array}{r}
\square\ \square \\
\not{7}\ 6 \\
-\ 3\ 8 \\
\hline
\square\ \square
\end{array}
$$

(6)
$$
\begin{array}{r}
\square\ \square \\
\not{7}\ 1 \\
-\ 6\ 4 \\
\hline
\square
\end{array}
$$

(7)

```
  □  □
  7  3
-  2  6
─────────
  □  □
```

(11)

```
  □  □
  7  5
-  1  8
─────────
  □  □
```

(8)

```
  □  □
  7  6
-  4  7
─────────
  □  □
```

(12)

```
  □  □
  7  0
-  5  4
─────────
  □  □
```

(9)

```
  □  □
  7  4
-  2  9
─────────
  □  □
```

(13)

```
  □  □
  7  1
-  3  5
─────────
  □  □
```

(10)

```
  □  □
  7  3
-  3  5
─────────
  □  □
```

(14)

```
  □  □
  7  2
-  6  3
─────────
     □
```

MC02 받아내림이 있는 (두 자리 수) − (두 자리 수) (2)

● ☐ 안에 알맞은 수를 쓰세요.

(1)
```
    ☐  ☐
    6̷  0
  −  1  9
 ─────────
    ☐  ☐
```

(4)
```
    ☐  ☐
    7̷  2
  −  4  5
 ─────────
    ☐  ☐
```

(2)
```
    ☐  ☐
    6̷  5
  −  2  6
 ─────────
    ☐  ☐
```

(5)
```
    ☐  ☐
    7̷  8
  −  1  9
 ─────────
    ☐  ☐
```

(3)
```
    ☐  ☐
    6̷  7
  −  4  8
 ─────────
    ☐  ☐
```

(6)
```
    ☐  ☐
    7̷  4
  −  3  7
 ─────────
    ☐  ☐
```

(7)
```
    □ □
    6̸ 3
  -  1 4
  ┌─┬─┐
  │ │ │
```

(8)
```
    □ □
    7̸ 3
  -  1 8
  ┌─┬─┐
  │ │ │
```

(9)
```
    □ □
    6̸ 6
  -  2 7
  ┌─┬─┐
  │ │ │
```

(10)
```
    □ □
    7̸ 7
  -  5 9
  ┌─┬─┐
  │ │ │
```

(11)
```
    □ □
    7̸ 5
  -  4 7
  ┌─┬─┐
  │ │ │
```

(12)
```
    □ □
    6̸ 4
  -  3 9
  ┌─┬─┐
  │ │ │
```

(13)
```
    □ □
    6̸ 1
  -  5 6
      ┌─┐
      │ │
```

(14)
```
    □ □
    7̸ 1
  -  2 2
  ┌─┬─┐
  │ │ │
```

MC02 받아내림이 있는 (두 자리 수) - (두 자리 수) (2)

● □ 안에 알맞은 수를 쓰세요.

(1)
$$
\begin{array}{r}
\square\ \square \\
\not{7}\ 6 \\
-\ 2\ 9 \\
\hline
\square\ \square
\end{array}
$$

(4)
$$
\begin{array}{r}
\square\ \square \\
\not{6}\ 5 \\
-\ 5\ 6 \\
\hline
\square
\end{array}
$$

(2)
$$
\begin{array}{r}
\square\ \square \\
\not{6}\ 1 \\
-\ 4\ 2 \\
\hline
\square\ \square
\end{array}
$$

(5)
$$
\begin{array}{r}
\square\ \square \\
\not{7}\ 1 \\
-\ 4\ 8 \\
\hline
\square\ \square
\end{array}
$$

(3)
$$
\begin{array}{r}
\square\ \square \\
\not{7}\ 2 \\
-\ 3\ 4 \\
\hline
\square\ \square
\end{array}
$$

(6)
$$
\begin{array}{r}
\square\ \square \\
\not{6}\ 4 \\
-\ 1\ 7 \\
\hline
\square\ \square
\end{array}
$$

(7)

```
  □ □
  7̸ 7
−  2 8
─────
  □ □
```

(11)

```
  □ □
  7̸ 5
−  6 6
─────
    □
```

(8)

```
  □ □
  6̸ 0
−  3 2
─────
  □ □
```

(12)

```
  □ □
  7̸ 0
−  4 5
─────
  □ □
```

(9)

```
  □ □
  6̸ 8
−  3 9
─────
  □ □
```

(13)

```
  □ □
  6̸ 3
−  2 6
─────
  □ □
```

(10)

```
  □ □
  7̸ 4
−  1 9
─────
  □ □
```

(14)

```
  □ □
  6̸ 4
−  5 7
─────
    □
```

MC02 받아내림이 있는 (두 자리 수) - (두 자리 수) (2)

● ☐ 안에 알맞은 수를 쓰세요.

(1)
$$\begin{array}{r} \boxed{}\ \boxed{} \\ \not{8}\ 1 \\ -\ 1\ 7 \\ \hline \boxed{}\ \boxed{} \end{array}$$

(4)
$$\begin{array}{r} \boxed{}\ \boxed{} \\ \not{8}\ 6 \\ -\ 5\ 8 \\ \hline \boxed{}\ \boxed{} \end{array}$$

(2)
$$\begin{array}{r} \boxed{}\ \boxed{} \\ \not{8}\ 5 \\ -\ 2\ 6 \\ \hline \boxed{}\ \boxed{} \end{array}$$

(5)
$$\begin{array}{r} \boxed{}\ \boxed{} \\ \not{8}\ 2 \\ -\ 6\ 4 \\ \hline \boxed{}\ \boxed{} \end{array}$$

(3)
$$\begin{array}{r} \boxed{}\ \boxed{} \\ \not{8}\ 4 \\ -\ 3\ 8 \\ \hline \boxed{}\ \boxed{} \end{array}$$

(6)
$$\begin{array}{r} \boxed{}\ \boxed{} \\ \not{8}\ 8 \\ -\ 7\ 9 \\ \hline \boxed{} \end{array}$$

(7)

```
   □  □
   8  0
-  2  3
───────
   □  □
```

(11)

```
   □  □
   8  5
-  3  8
───────
   □  □
```

(8)

```
   □  □
   8  4
-  5  7
───────
   □  □
```

(12)

```
   □  □
   8  3
-  5  4
───────
   □  □
```

(9)

```
   □  □
   8  1
-  1  9
───────
   □  □
```

(13)

```
   □  □
   8  2
-  4  5
───────
   □  □
```

(10)

```
   □  □
   8  2
-  7  4
───────
      □
```

(14)

```
   □  □
   8  7
-  6  8
───────
   □  □
```

MC02 받아내림이 있는 (두 자리 수)−(두 자리 수) (2)

● ☐ 안에 알맞은 수를 쓰세요.

(1)
```
    □ □
    9̷ 3
  −  1 6
  ─────
    □ □
```

(4)
```
    □ □
    9̷ 2
  −  4 9
  ─────
    □ □
```

(2)
```
    □ □
    9̷ 4
  −  2 5
  ─────
    □ □
```

(5)
```
    □ □
    9̷ 7
  −  5 8
  ─────
    □ □
```

(3)
```
    □ □
    9̷ 6
  −  7 7
  ─────
    □ □
```

(6)
```
    □ □
    9̷ 1
  −  2 5
  ─────
    □ □
```

(7)
```
    □  □
    9  5
 -  2  7
 ─────────
    □  □
```

(11)
```
    □  □
    9  6
 -  3  8
 ─────────
    □  □
```

(8)
```
    □  □
    9  3
 -  4  4
 ─────────
    □  □
```

(12)
```
    □  □
    9  3
 -  6  8
 ─────────
    □  □
```

(9)
```
    □  □
    9  1
 -  4  3
 ─────────
    □  □
```

(13)
```
    □  □
    9  2
 -  7  5
 ─────────
    □  □
```

(10)
```
    □  □
    9  1
 -  6  6
 ─────────
    □  □
```

(14)
```
    □  □
    9  4
 -  5  6
 ─────────
    □  □
```

MC02 받아내림이 있는 (두 자리 수) - (두 자리 수) (2)

● ☐ 안에 알맞은 수를 쓰세요.

(1)
```
    ☐ ☐
    8̸ 1
  -  2 4
  ───────
    ☐ ☐
```

(4)
```
    ☐ ☐
    9̸ 4
  -  2 8
  ───────
    ☐ ☐
```

(2)
```
    ☐ ☐
    8̸ 5
  -  5 7
  ───────
    ☐ ☐
```

(5)
```
    ☐ ☐
    9̸ 7
  -  3 9
  ───────
    ☐ ☐
```

(3)
```
    ☐ ☐
    8̸ 0
  -  1 6
  ───────
    ☐ ☐
```

(6)
```
    ☐ ☐
    9̸ 2
  -  4 3
  ───────
    ☐ ☐
```

(7)
```
    □  □
    8̸  7
 -  2  9
 ─────────
    □  □
```

(11)
```
    □  □
    8̸  0
 -  6  1
 ─────────
    □  □
```

(8)
```
    □  □
    9̸  0
 -  5  4
 ─────────
    □  □
```

(12)
```
    □  □
    9̸  1
 -  7  6
 ─────────
    □  □
```

(9)
```
    □  □
    9̸  3
 -  3  7
 ─────────
    □  □
```

(13)
```
    □  □
    8̸  6
 -  1  8
 ─────────
    □  □
```

(10)
```
    □  □
    8̸  4
 -  4  5
 ─────────
    □  □
```

(14)
```
    □  □
    9̸  5
 -  8  8
 ─────────
       □
```

받아내림이 있는
(두 자리 수)-(두 자리 수) (3)

3주차

요일	교재 번호	학습한 날짜		확인
1일차(월)	01~08	월	일	
2일차(화)	09~16	월	일	
3일차(수)	17~24	월	일	
4일차(목)	25~32	월	일	
5일차(금)	33~40	월	일	

받아내림이 있는 (두 자리 수) - (두 자리 수) (3)

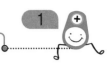

● ☐ 안에 알맞은 수를 쓰세요.

(1)

```
    □ □
    2 1
  -  1 6
  ───────
        □
```

(4)

```
    □ □
    5 1
  -  4 3
  ───────
        □
```

(2)

```
    □ □
    3 0
  -  1 7
  ───────
    □ □
```

(5)

```
    □ □
    6 5
  -  3 9
  ───────
    □ □
```

(3)

```
    □ □
    4 2
  -  2 4
  ───────
    □ □
```

(6)

```
    □ □
    7 3
  -  4 5
  ───────
    □ □
```

(7)

```
    □   □
    3   1
  −  2   4
  ─────────
        □
```

(11)

```
    □   □
    7   1
  −  4   8
  ─────────
    □   □
```

(8)

```
    □   □
    4   2
  −  1   7
  ─────────
    □   □
```

(12)

```
    □   □
    5   4
  −  2   5
  ─────────
    □   □
```

(9)

```
    □   □
    2   0
  −  1   1
  ─────────
        □
```

(13)

```
    □   □
    9   3
  −  5   6
  ─────────
    □   □
```

(10)

```
    □   □
    6   6
  −  3   9
  ─────────
    □   □
```

(14)

```
    □   □
    8   8
  −  5   9
  ─────────
    □   □
```

MC03 받아내림이 있는 (두 자리 수)-(두 자리 수) (3)

● 뺄셈을 하세요.

(1)
```
    2 2
 －  1 6
```

(5)
```
    2 4
 －  1 4
```

(2)
```
    2 0
 －  1 3
```

(6)
```
    2 3
 －  1 7
```

(3)
```
    2 4
 －  1 5
```

(7)
```
    2 7
 －  1 8
```

(4)
```
    2 6
 －  1 9
```

(8)
```
    2 5
 －  1 7
```

(9)

```
    2 3
-   1 5
─────────
```

(13)

```
    2 4
-   1 7
─────────
```

(10)

```
    2 5
-   1 8
─────────
```

(14)

```
    2 6
-   1 8
─────────
```

(11)

```
    2 7
-   1 9
─────────
```

(15)

```
    2 0
-   1 4
─────────
```

(12)

```
    2 1
-   1 6
─────────
```

(16)

```
    2 2
-   1 3
─────────
```

MC03 받아내림이 있는 (두 자리 수)−(두 자리 수) (3)

● 뺄셈을 하세요.

(1)
$$\begin{array}{r} 3\ 0 \\ -\ 1\ 4 \\ \hline \end{array}$$

(5)
$$\begin{array}{r} 3\ 4 \\ -\ 2\ 6 \\ \hline \end{array}$$

(2)
$$\begin{array}{r} 3\ 1 \\ -\ 1\ 6 \\ \hline \end{array}$$

(6)
$$\begin{array}{r} 3\ 5 \\ -\ 2\ 7 \\ \hline \end{array}$$

(3)
$$\begin{array}{r} 3\ 2 \\ -\ 1\ 5 \\ \hline \end{array}$$

(7)
$$\begin{array}{r} 3\ 6 \\ -\ 2\ 9 \\ \hline \end{array}$$

(4)
$$\begin{array}{r} 3\ 3 \\ -\ 1\ 7 \\ \hline \end{array}$$

(8)
$$\begin{array}{r} 3\ 8 \\ -\ 2\ 9 \\ \hline \end{array}$$

(9)

```
    3 3
  - 1 5
```

(13)

```
    3 1
  - 2 4
```

(10)

```
    3 2
  - 2 6
```

(14)

```
    3 0
  - 2 5
```

(11)

```
    3 8
  - 1 9
```

(15)

```
    3 5
  - 1 6
```

(12)

```
    3 2
  - 2 7
```

(16)

```
    3 6
  - 1 8
```

MC03 받아내림이 있는 (두 자리 수) − (두 자리 수) (3)

● 뺄셈을 하세요.

(1)
```
    2 1
  − 1 7
  ───────
```

(5)
```
    3 0
  − 1 3
  ───────
```

(2)
```
    2 4
  − 1 8
  ───────
```

(6)
```
    3 1
  − 1 4
  ───────
```

(3)
```
    2 2
  − 1 5
  ───────
```

(7)
```
    3 3
  − 2 9
  ───────
```

(4)
```
    2 6
  − 1 2
  ───────
```

(8)
```
    3 4
  − 2 7
  ───────
```

(9)

```
    2 3
  - 1 8
  ─────
```

(13)

```
    3 5
  - 2 8
  ─────
```

(10)

```
    2 0
  - 1 2
  ─────
```

(14)

```
    2 2
  - 1 9
  ─────
```

(11)

```
    3 2
  - 1 7
  ─────
```

(15)

```
    2 1
  - 1 4
  ─────
```

(12)

```
    3 3
  - 1 6
  ─────
```

(16)

```
    3 4
  - 2 5
  ─────
```

MC03 받아내림이 있는 (두 자리 수) − (두 자리 수) (3)

● 뺄셈을 하세요.

(1)
```
    2 0
  − 1 7
```

(5)
```
    3 5
  − 1 7
```

(2)
```
    3 3
  − 1 4
```

(6)
```
    2 5
  − 1 6
```

(3)
```
    2 3
  − 1 5
```

(7)
```
    3 6
  − 1 9
```

(4)
```
    3 2
  − 2 5
```

(8)
```
    3 7
  − 2 8
```

(9)
```
   2 1
-  1 2
―――――
```

(13)
```
   3 4
-  1 9
―――――
```

(10)
```
   3 0
-  2 4
―――――
```

(14)
```
   2 5
-  1 9
―――――
```

(11)
```
   3 3
-  1 6
―――――
```

(15)
```
   3 6
-  2 7
―――――
```

(12)
```
   2 2
-  1 8
―――――
```

(16)
```
   2 0
-  1 8
―――――
```

MC03 받아내림이 있는 (두 자리 수)−(두 자리 수) (3)

● 뺄셈을 하세요.

(1)
```
    4 1
  − 2 7
```

(5)
```
    4 3
  − 1 6
```

(2)
```
    4 4
  − 3 5
```

(6)
```
    4 0
  − 2 2
```

(3)
```
    4 8
  − 1 9
```

(7)
```
    4 5
  − 1 9
```

(4)
```
    4 6
  − 2 8
```

(8)
```
    4 2
  − 3 6
```

(9)

```
    4 5
  - 2 7
  ─────
```

(13)

```
    4 1
  - 2 5
  ─────
```

(10)

```
    4 2
  - 1 9
  ─────
```

(14)

```
    4 2
  - 3 4
  ─────
```

(11)

```
    4 7
  - 3 9
  ─────
```

(15)

```
    4 4
  - 1 7
  ─────
```

(12)

```
    4 0
  - 1 3
  ─────
```

(16)

```
    4 3
  - 2 8
  ─────
```

MC03 받아내림이 있는 (두 자리 수)-(두 자리 수) (3)

● 뺄셈을 하세요.

(1)
$$\begin{array}{r} 5\ 0 \\ -\ 1\ 1 \\ \hline \end{array}$$

(2)
$$\begin{array}{r} 5\ 2 \\ -\ 2\ 5 \\ \hline \end{array}$$

(3)
$$\begin{array}{r} 5\ 4 \\ -\ 3\ 8 \\ \hline \end{array}$$

(4)
$$\begin{array}{r} 5\ 6 \\ -\ 4\ 9 \\ \hline \end{array}$$

(5)
$$\begin{array}{r} 5\ 1 \\ -\ 1\ 5 \\ \hline \end{array}$$

(6)
$$\begin{array}{r} 5\ 5 \\ -\ 3\ 6 \\ \hline \end{array}$$

(7)
$$\begin{array}{r} 5\ 3 \\ -\ 2\ 7 \\ \hline \end{array}$$

(8)
$$\begin{array}{r} 5\ 7 \\ -\ 2\ 8 \\ \hline \end{array}$$

(9)
```
    5 4
  - 2 7
```

(13)
```
    5 7
  - 1 9
```

(10)
```
    5 8
  - 1 9
```

(14)
```
    5 2
  - 3 5
```

(11)
```
    5 3
  - 3 4
```

(15)
```
    5 5
  - 2 7
```

(12)
```
    5 0
  - 4 6
```

(16)
```
    5 1
  - 3 3
```

MC03 받아내림이 있는 (두 자리 수) - (두 자리 수) (3)

● 뺄셈을 하세요.

(1)
$$\begin{array}{r} 4\ 0 \\ -\ 1\ 5 \\ \hline \end{array}$$

(5)
$$\begin{array}{r} 5\ 2 \\ -\ 1\ 6 \\ \hline \end{array}$$

(2)
$$\begin{array}{r} 4\ 6 \\ -\ 2\ 7 \\ \hline \end{array}$$

(6)
$$\begin{array}{r} 5\ 5 \\ -\ 2\ 8 \\ \hline \end{array}$$

(3)
$$\begin{array}{r} 4\ 3 \\ -\ 3\ 6 \\ \hline \end{array}$$

(7)
$$\begin{array}{r} 5\ 1 \\ -\ 1\ 6 \\ \hline \end{array}$$

(4)
$$\begin{array}{r} 4\ 6 \\ -\ 1\ 9 \\ \hline \end{array}$$

(8)
$$\begin{array}{r} 5\ 7 \\ -\ 3\ 9 \\ \hline \end{array}$$

(9)
```
    4 3
  - 2 5
  ─────
```

(13)
```
    5 1
  - 1 7
  ─────
```

(10)
```
    5 0
  - 2 8
  ─────
```

(14)
```
    4 4
  - 2 8
  ─────
```

(11)
```
    5 2
  - 3 1
  ─────
```

(15)
```
    5 5
  - 1 6
  ─────
```

(12)
```
    4 6
  - 1 9
  ─────
```

(16)
```
    4 1
  - 3 3
  ─────
```

MC03 받아내림이 있는 (두 자리 수) − (두 자리 수) (3)

● 뺄셈을 하세요.

(1)
```
  4 2
− 1 6
```

(5)
```
  5 4
− 2 8
```

(2)
```
  4 3
− 2 4
```

(6)
```
  5 2
− 2 9
```

(3)
```
  5 0
− 2 4
```

(7)
```
  4 5
− 3 6
```

(4)
```
  5 1
− 2 7
```

(8)
```
  4 6
− 3 8
```

(9)

```
    4 1
  - 1 5
```

(13)

```
    5 0
  - 2 2
```

(10)

```
    5 3
  - 2 4
```

(14)

```
    5 2
  - 3 7
```

(11)

```
    4 4
  - 3 6
```

(15)

```
    4 2
  - 2 5
```

(12)

```
    5 7
  - 4 8
```

(16)

```
    4 0
  - 1 9
```

MC03 받아내림이 있는 (두 자리 수)-(두 자리 수) (3)

● 뺄셈을 하세요.

(1)
```
    6 2
  - 4 5
```

(5)
```
    6 4
  - 1 6
```

(2)
```
    6 5
  - 2 6
```

(6)
```
    6 6
  - 4 7
```

(3)
```
    6 1
  - 3 4
```

(7)
```
    6 0
  - 3 5
```

(4)
```
    6 3
  - 1 8
```

(8)
```
    6 7
  - 2 8
```

(9)

```
   6 3
 - 2 6
───────
```

(13)

```
   6 6
 - 3 8
───────
```

(10)

```
   6 2
 - 5 7
───────
```

(14)

```
   6 1
 - 1 3
───────
```

(11)

```
   6 1
 - 1 1
───────
```

(15)

```
   6 4
 - 2 7
───────
```

(12)

```
   6 0
 - 4 4
───────
```

(16)

```
   6 7
 - 2 9
───────
```

MC03 받아내림이 있는 (두 자리 수) - (두 자리 수) (3)

● 뺄셈을 하세요.

(1)
```
    7 0
  - 2 4
```

(5)
```
    7 4
  - 6 6
```

(2)
```
    7 1
  - 3 5
```

(6)
```
    7 6
  - 1 7
```

(3)
```
    7 2
  - 4 8
```

(7)
```
    7 5
  - 2 8
```

(4)
```
    7 3
  - 5 7
```

(8)
```
    7 7
  - 3 9
```

(9)
$$
\begin{array}{cc}
 & 7 \ 3 \\
- & 1 \ 8 \\
\hline
\end{array}
$$

(13)
$$
\begin{array}{cc}
 & 7 \ 1 \\
- & 4 \ 3 \\
\hline
\end{array}
$$

(10)
$$
\begin{array}{cc}
 & 7 \ 5 \\
- & 3 \ 6 \\
\hline
\end{array}
$$

(14)
$$
\begin{array}{cc}
 & 7 \ 7 \\
- & 5 \ 8 \\
\hline
\end{array}
$$

(11)
$$
\begin{array}{cc}
 & 7 \ 2 \\
- & 2 \ 7 \\
\hline
\end{array}
$$

(15)
$$
\begin{array}{cc}
 & 7 \ 4 \\
- & 3 \ 6 \\
\hline
\end{array}
$$

(12)
$$
\begin{array}{cc}
 & 7 \ 6 \\
- & 4 \ 8 \\
\hline
\end{array}
$$

(16)
$$
\begin{array}{cc}
 & 7 \ 0 \\
- & 2 \ 5 \\
\hline
\end{array}
$$

MC03 받아내림이 있는 (두 자리 수) − (두 자리 수) (3)

● 뺄셈을 하세요.

(1)
$$\begin{array}{r} 6\ 4 \\ -\ 4\ 5 \\ \hline \end{array}$$

(5)
$$\begin{array}{r} 7\ 2 \\ -\ 5\ 5 \\ \hline \end{array}$$

(2)
$$\begin{array}{r} 6\ 0 \\ -\ 4\ 1 \\ \hline \end{array}$$

(6)
$$\begin{array}{r} 7\ 1 \\ -\ 1\ 6 \\ \hline \end{array}$$

(3)
$$\begin{array}{r} 6\ 3 \\ -\ 2\ 7 \\ \hline \end{array}$$

(7)
$$\begin{array}{r} 7\ 5 \\ -\ 3\ 7 \\ \hline \end{array}$$

(4)
$$\begin{array}{r} 6\ 6 \\ -\ 1\ 9 \\ \hline \end{array}$$

(8)
$$\begin{array}{r} 7\ 3 \\ -\ 4\ 9 \\ \hline \end{array}$$

(9)
```
    7 0
  - 3 5
  ─────
```

(13)
```
    6 4
  - 3 9
  ─────
```

(10)
```
    6 2
  - 2 7
  ─────
```

(14)
```
    7 3
  - 2 5
  ─────
```

(11)
```
    7 1
  - 5 4
  ─────
```

(15)
```
    6 9
  - 4 8
  ─────
```

(12)
```
    6 5
  - 1 6
  ─────
```

(16)
```
    7 2
  - 4 6
  ─────
```

MC03 받아내림이 있는 (두 자리 수) − (두 자리 수) (3)

● 뺄셈을 하세요.

(1)
```
    6 0
  − 2 4
```

(5)
```
    6 5
  − 1 9
```

(2)
```
    6 3
  − 4 5
```

(6)
```
    6 4
  − 3 8
```

(3)
```
    7 2
  − 3 6
```

(7)
```
    7 0
  − 2 3
```

(4)
```
    7 7
  − 1 8
```

(8)
```
    7 1
  − 5 7
```

(9)
```
    6 0
 -  1 3
 -------
```

(13)
```
    6 4
 -  5 8
 -------
```

(10)
```
    7 3
 -  4 7
 -------
```

(14)
```
    7 5
 -  6 7
 -------
```

(11)
```
    6 2
 -  3 6
 -------
```

(15)
```
    7 4
 -  4 8
 -------
```

(12)
```
    7 1
 -  2 4
 -------
```

(16)
```
    6 6
 -  2 9
 -------
```

120 한솔 완벽한 연산

MC03 받아내림이 있는 (두 자리 수) - (두 자리 수) (3)

● 뺄셈을 하세요.

(1)
```
    8 6
  - 1 7
  ─────
```

(5)
```
    8 0
  - 4 3
  ─────
```

(2)
```
    8 2
  - 2 5
  ─────
```

(6)
```
    8 3
  - 4 8
  ─────
```

(3)
```
    8 1
  - 3 6
  ─────
```

(7)
```
    8 7
  - 6 9
  ─────
```

(4)
```
    8 5
  - 7 7
  ─────
```

(8)
```
    8 5
  - 5 8
  ─────
```

(9)
```
    8 2
  - 5 4
  ─────
```

(13)
```
    8 7
  - 2 8
  ─────
```

(10)
```
    8 4
  - 3 8
  ─────
```

(14)
```
    8 6
  - 5 7
  ─────
```

(11)
```
    8 0
  - 6 6
  ─────
```

(15)
```
    8 5
  - 1 9
  ─────
```

(12)
```
    8 1
  - 4 5
  ─────
```

(16)
```
    8 3
  - 7 5
  ─────
```

MC03 받아내림이 있는 (두 자리 수)−(두 자리 수) (3)

● 뺄셈을 하세요.

(1)
```
    9 0
  - 1 7
  ─────
```

(5)
```
    9 1
  - 5 4
  ─────
```

(2)
```
    9 2
  - 2 3
  ─────
```

(6)
```
    9 3
  - 6 7
  ─────
```

(3)
```
    9 4
  - 3 8
  ─────
```

(7)
```
    9 6
  - 7 5
  ─────
```

(4)
```
    9 6
  - 4 9
  ─────
```

(8)
```
    9 7
  - 8 8
  ─────
```

(9)
```
   9 3
 - 4 5
```

(13)
```
   9 6
 - 1 8
```

(10)
```
   9 7
 - 6 9
```

(14)
```
   9 3
 - 8 6
```

(11)
```
   9 0
 - 7 7
```

(15)
```
   9 1
 - 5 9
```

(12)
```
   9 2
 - 3 5
```

(16)
```
   9 4
 - 2 6
```

MC03 받아내림이 있는 (두 자리 수) − (두 자리 수) (3)

● 뺄셈을 하세요.

(1)
```
    8 4
−   3 6
───────
```

(5)
```
    9 0
−   2 4
───────
```

(2)
```
    8 1
−   6 9
───────
```

(6)
```
    9 2
−   7 5
───────
```

(3)
```
    8 2
−   1 8
───────
```

(7)
```
    9 5
−   6 7
───────
```

(4)
```
    8 5
−   4 6
───────
```

(8)
```
    9 4
−   5 7
───────
```

(9)
```
    9 2
  - 2 7
  ───────
```

(13)
```
    8 4
  - 4 7
  ───────
```

(10)
```
    9 0
  - 5 3
  ───────
```

(14)
```
    9 4
  - 3 9
  ───────
```

(11)
```
    8 1
  - 5 5
  ───────
```

(15)
```
    8 2
  - 7 7
  ───────
```

(12)
```
    8 3
  - 1 8
  ───────
```

(16)
```
    9 1
  - 6 3
  ───────
```

MC03 받아내림이 있는 (두 자리 수) − (두 자리 수) (3)

● 뺄셈을 하세요.

(1)
```
    8 5
-   3 6
```

(5)
```
    9 0
-   4 3
```

(2)
```
    8 0
-   4 5
```

(6)
```
    8 3
-   5 7
```

(3)
```
    9 2
-   5 6
```

(7)
```
    9 1
-   6 4
```

(4)
```
    8 4
-   6 6
```

(8)
```
    9 3
-   7 8
```

(9)

```
    8 1
  - 1 3
  ─────
```

(13)

```
    9 2
  - 3 6
  ─────
```

(10)

```
    8 0
  - 2 4
  ─────
```

(14)

```
    8 7
  - 2 9
  ─────
```

(11)

```
    9 4
  - 5 6
  ─────
```

(15)

```
    9 0
  - 2 3
  ─────
```

(12)

```
    8 3
  - 4 7
  ─────
```

(16)

```
    9 5
  - 8 9
  ─────
```

MC03 받아내림이 있는 (두 자리 수) - (두 자리 수) (3)

● 뺄셈을 하세요.

(1)
```
    2 4
 －  1 6
```

(2)
```
    3 3
 －  2 5
```

(3)
```
    4 0
 －  1 6
```

(4)
```
    5 9
 －  2 7
```

(5)
```
    2 6
 －  1 7
```

(6)
```
    3 2
 －  1 8
```

(7)
```
    4 7
 －  2 9
```

(8)
```
    5 1
 －  3 6
```

(9)

```
    3 1
  - 2 5
  ─────
```

(13)

```
    4 4
  - 1 9
  ─────
```

(10)

```
    4 6
  - 2 9
  ─────
```

(14)

```
    3 2
  - 1 6
  ─────
```

(11)

```
    2 1
  - 1 8
  ─────
```

(15)

```
    5 2
  - 3 4
  ─────
```

(12)

```
    5 4
  - 3 7
  ─────
```

(16)

```
    2 0
  - 1 5
  ─────
```

MC03 받아내림이 있는 (두 자리 수) - (두 자리 수) (3)

● 뺄셈을 하세요.

(1)
```
  6 4
- 3 5
```

(5)
```
  8 2
- 6 8
```

(2)
```
  6 1
- 2 4
```

(6)
```
  8 5
- 4 9
```

(3)
```
  7 0
- 5 2
```

(7)
```
  9 4
- 1 7
```

(4)
```
  7 3
- 4 6
```

(8)
```
  9 2
- 7 6
```

(9)
```
    7 3
 -  6 5
 ───────
```

(13)
```
    8 6
 -  3 3
 ───────
```

(10)
```
    9 5
 -  4 8
 ───────
```

(14)
```
    9 6
 -  6 9
 ───────
```

(11)
```
    6 4
 -  1 7
 ───────
```

(15)
```
    7 0
 -  2 6
 ───────
```

(12)
```
    8 1
 -  3 5
 ───────
```

(16)
```
    9 0
 -  5 1
 ───────
```

MC03 받아내림이 있는 (두 자리 수)−(두 자리 수) (3)

● 뺄셈을 하세요.

(1)
```
    2 2
  − 1 7
  ─────
```

(5)
```
    8 0
  − 3 2
  ─────
```

(2)
```
    5 2
  − 3 6
  ─────
```

(6)
```
    9 3
  − 4 8
  ─────
```

(3)
```
    6 0
  − 2 5
  ─────
```

(7)
```
    3 1
  − 1 9
  ─────
```

(4)
```
    4 5
  − 2 9
  ─────
```

(8)
```
    7 2
  − 5 6
  ─────
```

(9)
```
    4 5
-   2 7
_____
```

(13)
```
    7 1
-   4 4
_____
```

(10)
```
    3 3
-   1 8
_____
```

(14)
```
    2 3
-   1 6
_____
```

(11)
```
    6 6
-   3 9
_____
```

(15)
```
    5 3
-   2 9
_____
```

(12)
```
    8 1
-   4 3
_____
```

(16)
```
    9 1
-   6 2
_____
```

받아내림이 있는
(두 자리 수)-(두 자리 수) (4)

4주차

요일	교재 번호	학습한 날짜		확인
1일차(월)	01~08	월	일	
2일차(화)	09~16	월	일	
3일차(수)	17~24	월	일	
4일차(목)	25~32	월	일	
5일차(금)	33~40	월	일	

MC04 받아내림이 있는 (두 자리 수) − (두 자리 수) (4)

● 뺄셈을 하세요.

(1)
```
    2 2
  − 1 4
  ─────
```

(5)
```
    6 3
  − 4 4
  ─────
```

(2)
```
    3 1
  − 1 8
  ─────
```

(6)
```
    7 5
  − 6 7
  ─────
```

(3)
```
    4 0
  − 2 2
  ─────
```

(7)
```
    8 5
  − 3 4
  ─────
```

(4)
```
    5 3
  − 2 7
  ─────
```

(8)
```
    9 0
  − 5 1
  ─────
```

(9)
```
    2 3
 -  1 9
 ───────
```

(13)
```
    6 1
 -  4 7
 ───────
```

(10)
```
    3 4
 -  1 6
 ───────
```

(14)
```
    7 2
 -  3 6
 ───────
```

(11)
```
    4 1
 -  3 5
 ───────
```

(15)
```
    8 0
 -  4 3
 ───────
```

(12)
```
    5 6
 -  2 8
 ───────
```

(16)
```
    9 2
 -  7 6
 ───────
```

MC04 받아내림이 있는 (두 자리 수) - (두 자리 수) (4)

● 뺄셈을 하세요.

(1)
$$\begin{array}{r} 3\ 2 \\ -\ 1\ 4 \\ \hline \end{array}$$

(2)
$$\begin{array}{r} 5\ 4 \\ -\ 3\ 7 \\ \hline \end{array}$$

(3)
$$\begin{array}{r} 4\ 2 \\ -\ 2\ 9 \\ \hline \end{array}$$

(4)
$$\begin{array}{r} 8\ 6 \\ -\ 5\ 7 \\ \hline \end{array}$$

(5)
$$\begin{array}{r} 6\ 5 \\ -\ 2\ 8 \\ \hline \end{array}$$

(6)
$$\begin{array}{r} 9\ 1 \\ -\ 4\ 5 \\ \hline \end{array}$$

(7)
$$\begin{array}{r} 2\ 4 \\ -\ 1\ 8 \\ \hline \end{array}$$

(8)
$$\begin{array}{r} 7\ 0 \\ -\ 3\ 3 \\ \hline \end{array}$$

(9)
```
    4 1
  - 1 3
```

(13)
```
    8 4
  - 4 6
```

(10)
```
    6 0
  - 3 4
```

(14)
```
    5 3
  - 3 8
```

(11)
```
    3 2
  - 2 5
```

(15)
```
    2 5
  - 1 9
```

(12)
```
    7 6
  - 5 7
```

(16)
```
    9 2
  - 6 6
```

MC04 받아내림이 있는 (두 자리 수) - (두 자리 수) (4)

● 뺄셈을 하세요.

(1)
```
    7 7
  - 3 9
```

(5)
```
    8 2
  - 5 4
```

(2)
```
    4 5
  - 2 6
```

(6)
```
    9 1
  - 7 5
```

(3)
```
    3 0
  - 1 8
```

(7)
```
    2 6
  - 1 7
```

(4)
```
    5 3
  - 3 5
```

(8)
```
    6 4
  - 2 8
```

(9)

```
    7  2
-   4  4
```

(13)

```
    6  4
-   3  9
```

(10)

```
    3  6
-   2  4
```

(14)

```
    2  0
-   1  4
```

(11)

```
    4  3
-   1  5
```

(15)

```
    5  6
-   4  7
```

(12)

```
    8  2
-   4  6
```

(16)

```
    9  2
-   6  8
```

MC04 받아내림이 있는 (두 자리 수) - (두 자리 수) (4)

● 뺄셈을 하세요.

(1)
```
    8 3
  - 1 6
```

(5)
```
    5 1
  - 3 3
```

(2)
```
    2 1
  - 1 8
```

(6)
```
    7 4
  - 4 7
```

(3)
```
    9 0
  - 3 5
```

(7)
```
    6 2
  - 3 4
```

(4)
```
    4 5
  - 2 7
```

(8)
```
    3 1
  - 1 9
```

(9)
```
    4 1
 -  1 4
 ───────
```

(13)
```
    9 3
 -  4 7
 ───────
```

(10)
```
    6 5
 -  2 6
 ───────
```

(14)
```
    2 6
 -  1 8
 ───────
```

(11)
```
    8 0
 -  3 6
 ───────
```

(15)
```
    5 2
 -  3 5
 ───────
```

(12)
```
    3 4
 -  1 5
 ───────
```

(16)
```
    7 5
 -  2 7
 ───────
```

MC04 받아내림이 있는 (두 자리 수) − (두 자리 수) (4)

● 뺄셈을 하세요.

(1)
```
   7 7
 − 1 9
```

(5)
```
   6 2
 − 2 5
```

(2)
```
   2 8
 − 1 9
```

(6)
```
   3 5
 − 2 7
```

(3)
```
   8 7
 − 4 5
```

(7)
```
   4 3
 − 1 8
```

(4)
```
   5 4
 − 3 6
```

(8)
```
   9 0
 − 6 7
```

(9)

```
    9 1
  - 2 8
```

(13)

```
    4 3
  - 2 5
```

(10)

```
    3 5
  - 1 6
```

(14)

```
    7 0
  - 5 4
```

(11)

```
    6 6
  - 3 9
```

(15)

```
    8 6
  - 5 8
```

(12)

```
    5 2
  - 4 7
```

(16)

```
    2 1
  - 1 4
```

MC04 받아내림이 있는 (두 자리 수) - (두 자리 수) (4)

● 뺄셈을 하세요.

(1)
```
    4 2
  - 1 4
```

(5)
```
    7 1
  - 2 8
```

(2)
```
    3 3
  - 2 6
```

(6)
```
    2 4
  - 1 7
```

(3)
```
    8 1
  - 4 3
```

(7)
```
    5 5
  - 3 9
```

(4)
```
    6 0
  - 3 5
```

(8)
```
    9 6
  - 5 7
```

(9)
```
    5 7
 -  2 8
 ───────
```

(13)
```
    9 3
 -  7 9
 ───────
```

(10)
```
    4 4
 -  2 6
 ───────
```

(14)
```
    3 0
 -  1 3
 ───────
```

(11)
```
    2 1
 -  1 5
 ───────
```

(15)
```
    8 4
 -  3 9
 ───────
```

(12)
```
    6 5
 -  4 7
 ───────
```

(16)
```
    7 3
 -  2 7
 ───────
```

MC04 받아내림이 있는 (두 자리 수) − (두 자리 수) (4)

● |보기|와 같이 틀린 답을 바르게 고치세요.

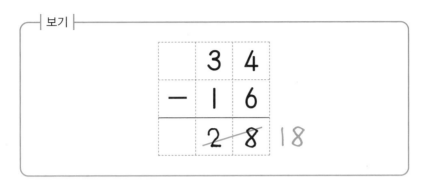

┤ 보기 ├

$$\begin{array}{r} 3\ 4 \\ -\ 1\ 6 \\ \hline \cancel{2}\ 8 \end{array} \quad 18$$

(1)
$$\begin{array}{r} 8\ 0 \\ -\ 3\ 5 \\ \hline 5\ 5 \end{array}$$

(3)
$$\begin{array}{r} 6\ 1 \\ -\ 4\ 6 \\ \hline 4\ 5 \end{array}$$

(2)
$$\begin{array}{r} 4\ 2 \\ -\ 2\ 7 \\ \hline 2\ 5 \end{array}$$

(4)
$$\begin{array}{r} 9\ 0 \\ -\ 6\ 3 \\ \hline 3\ 7 \end{array}$$

Talk 받아내림이 있는 두 자리 수끼리의 뺄셈을 세로셈으로 계산할 때 일의 자리로 받아내림한 후 십의 자리에서 1을 빼지 않고 계산하는 경우와 같이 틀리게 답하지 않도록 주의합니다.

(5)
```
    4 0
  - 2 4
  ─────
    2 6
```

(9)
```
    5 2
  - 1 7
  ─────
    4 5
```

(6)
```
    9 4
  - 6 8
  ─────
    3 6
```

(10)
```
    3 1
  - 1 5
  ─────
    2 6
```

(7)
```
    2 1
  - 1 3
  ─────
    1 8
```

(11)
```
    8 7
  - 4 8
  ─────
    4 9
```

(8)
```
    7 5
  - 4 6
  ─────
    3 9
```

(12)
```
    6 3
  - 3 9
  ─────
    3 4
```

MC04 받아내림이 있는 (두 자리 수) − (두 자리 수) (4)

● |보기|와 같이 틀린 답을 바르게 고치세요.

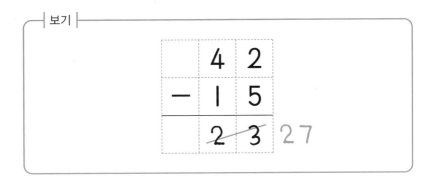

┤보기├

$$
\begin{array}{r}
4\ 2 \\
-\ 1\ 5 \\
\hline
2\ \cancel{3} \quad 27
\end{array}
$$

(1)
$$
\begin{array}{r}
2\ 1 \\
-\ 1\ 6 \\
\hline
1\ 5
\end{array}
$$

(3)
$$
\begin{array}{r}
7\ 2 \\
-\ 2\ 7 \\
\hline
5\ 5
\end{array}
$$

(2)
$$
\begin{array}{r}
6\ 4 \\
-\ 3\ 5 \\
\hline
3\ 1
\end{array}
$$

(4)
$$
\begin{array}{r}
5\ 0 \\
-\ 3\ 4 \\
\hline
1\ 4
\end{array}
$$

Talk 받아내림이 있는 두 자리 수끼리의 뺄셈에서 세로셈으로 일의 자리를 계산할 때 큰 수에서 작은 수를 바로 빼는 경우와 같이 틀리게 답하지 않도록 주의합니다.

(5)

```
    9 1
 -  2 8
 ───────
    7 7
```

(9)

```
    7 0
 -  4 9
 ───────
    3 9
```

(6)

```
    3 3
 -  1 5
 ───────
    1 2
```

(10)

```
    8 2
 -  5 4
 ───────
    2 2
```

(7)

```
    4 6
 -  3 8
 ───────
    1 2
```

(11)

```
    5 1
 -  4 3
 ───────
    1 2
```

(8)

```
    6 2
 -  4 7
 ───────
    2 5
```

(12)

```
    2 2
 -  1 6
 ───────
    1 4
```

MC04 받아내림이 있는 (두 자리 수) - (두 자리 수) (4)

● 뺄셈을 하세요.

(1)
```
    2 9
  - 1 4
  ─────
```

(4)
```
    2 9
  - □ □
  ─────
    1 5
```

(2)
```
    3 5
  - 2 2
  ─────
```

(5)
```
    3 5
  - □ □
  ─────
    1 3
```

(3)
```
    4 8
  - 2 5
  ─────
```

(6)
```
    4 8
  - □ □
  ─────
    2 3
```

(7)

$$\begin{array}{r} 5\ 8 \\ -\ 1\ 6 \\ \hline \end{array}$$

(11)

$$\begin{array}{r} 5\ 8 \\ -\ \square\ \square \\ \hline 4\ 2 \end{array}$$

(8)

$$\begin{array}{r} 6\ 7 \\ -\ 1\ 7 \\ \hline \end{array}$$

(12)

$$\begin{array}{r} 6\ 7 \\ -\ \square\ \square \\ \hline 5\ 0 \end{array}$$

(9)

$$\begin{array}{r} 7\ 5 \\ -\ 1\ 2 \\ \hline \end{array}$$

(13)

$$\begin{array}{r} 7\ 5 \\ -\ \square\ \square \\ \hline 6\ 3 \end{array}$$

(10)

$$\begin{array}{r} 8\ 4 \\ -\ 4\ 0 \\ \hline \end{array}$$

(14)

$$\begin{array}{r} 8\ 4 \\ -\ \square\ \square \\ \hline 4\ 4 \end{array}$$

받아내림이 있는 (두 자리 수) - (두 자리 수) (4)

● 뺄셈을 하세요.

(1)
```
    2 2
 -  1 8
 _____
```

(4)
```
    2 2
 -  □ □
 _____
      4
```

(2)
```
    3 4
 -  2 6
 _____
```

(5)
```
    3 4
 -  □ □
 _____
      8
```

(3)
```
    3 5
 -  1 9
 _____
```

(6)
```
    3 5
 -  □ □
 _____
    1 6
```

(7)

```
    2 3
 -  1 7
 ───────
```

(11)

```
    2 3
 -  □ □
 ───────
        6
```

(8)

```
    2 5
 -  1 8
 ───────
```

(12)

```
    2 5
 -  □ □
 ───────
        7
```

(9)

```
    3 0
 -  1 2
 ───────
```

(13)

```
    3 1
 -  □ □
 ───────
    1 8
```

(10)

```
    3 6
 -  2 7
 ───────
```

(14)

```
    3 6
 -  □ □
 ───────
        9
```

MC04 받아내림이 있는 (두 자리 수) − (두 자리 수) (4)

● 뺄셈을 하세요.

(1)

	4	2
−	1	7

(4)

	4	2
−	☐	☐
	2	5

(2)

	4	3
−	2	9

(5)

	4	3
−	☐	☐
	1	4

(3)

	5	0
−	3	5

(6)

	5	0
−	☐	☐
	1	5

(7)
```
    4 1
 -  1 6
 ───────
```

(11)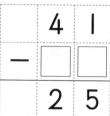
```
    4 1
 -  □ □
 ───────
    2 5
```

(8)
```
    4 4
 -  2 5
 ───────
```

(12)
```
    4 4
 -  □ □
 ───────
    1 9
```

(9)
```
    5 1
 -  1 7
 ───────
```

(13)
```
    5 1
 -  □ □
 ───────
    3 4
```

(10)
```
    5 2
 -  3 4
 ───────
```

(14)
```
    5 4
 -  □ □
 ───────
    1 8
```

MC04 받아내림이 있는 (두 자리 수) - (두 자리 수) (4)

● 뺄셈을 하세요.

(1)
```
    6 0
  - 2 5
  ─────
```

(4)
```
    7 4
  - □ □
  ─────
    3 6
```

(2)
```
    6 1
  - 2 3
  ─────
```

(5)
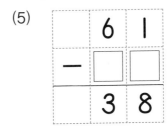
```
    6 1
  - □ □
  ─────
    3 8
```

(3)
```
    7 4
  - 3 8
  ─────
```

(6)
```
    6 0
  - □ □
  ─────
    3 5
```

(7)

```
    6 2
  - 1 4
  ─────
```

(8)

```
    7 0
  - 2 6
  ─────
```

(9)

```
    6 3
  - 3 5
  ─────
```

(10)

```
    7 5
  - 4 8
  ─────
```

(11)

```
    6 3
  - □ □
  ─────
    2 8
```

(12)

```
    7 2
  - □ □
  ─────
    2 7
```

(13)

```
    6 2
  - □ □
  ─────
    4 8
```

(14)

```
    7 0
  - □ □
  ─────
    4 4
```

MC04 받아내림이 있는 (두 자리 수) - (두 자리 수) (4)

● 뺄셈을 하세요.

(1)
```
   2 7
 - 1 9
 ─────
```

(2)
```
   3 2
 - 1 6
 ─────
```

(3)
```
   4 5
 - 2 9
 ─────
```

(4)
```
   4 5
 - □ □
 ─────
   1 6
```

(5)
```
   2 7
 - □ □
 ─────
     8
```

(6)
```
   3 2
 - □ □
 ─────
   1 6
```

(7)
```
    4 0
  - 1 3
  ─────
```

(11)
```
    5 3
  - □ □
  ─────
    2 8
```

(8)
```
    5 3
  - 2 5
  ─────
```

(12)
```
    4 1
  - □ □
  ─────
    2 7
```

(9)
```
    6 1
  - 2 7
  ─────
```

(13)
```
    7 4
  - □ □
  ─────
    1 7
```

(10)
```
    7 4
  - 5 7
  ─────
```

(14)
```
    6 1
  - □ □
  ─────
    3 4
```

MC04 받아내림이 있는 (두 자리 수)−(두 자리 수)(4)

● 뺄셈을 하세요.

(1)
```
    8  1
 -  4  6
 ──────
```

(4)
```
    9  3
 -  □  □
 ──────
    2  7
```

(2)
```
    9  3
 -  6  6
 ──────
```

(5)
```
    9  2
 -  □  □
 ──────
    6  5
```

(3)
```
    9  2
 -  2  7
 ──────
```

(6)
```
    8  0
 -  □  □
 ──────
    3  5
```

(7)

```
    9 0
 -  1 8
 ───────
```

(11)

```
    8 0
 -  □ □
 ───────
    4 6
```

(8)

```
    8 6
 -  2 8
 ───────
```

(12)

```
    9 0
 -  □ □
 ───────
    7 2
```

(9)

```
    8 0
 -  3 4
 ───────
```

(13)

```
    8 6
 -  □ □
 ───────
    5 8
```

(10)

```
    9 1
 -  7 2
 ───────
```

(14)

```
    9 1
 -  □ □
 ───────
    1 9
```

MC04 받아내림이 있는 (두 자리 수)－(두 자리 수) (4)

● 뺄셈을 하세요.

(1)
```
    2 1
  － 1 7
```

(4)
```
    4 0
  － □ □
    1 4
```

(2)
```
    3 3
  － 1 8
```

(5)
```
    5 2
  － □ □
    2 5
```

(3)
```
    4 0
  － 2 6
```

(6)
```
    2 1
  － □ □
      4
```

(7)
```
    2 4
  - 1 5
  -----
```

(11)
```
    3 4
  - □ □
  -----
    1 7
```

(8)
```
    3 1
  - 2 6
  -----
```

(12)
```
    2 4
  - □ □
  -----
      9
```

(9)
```
    4 3
  - 2 7
  -----
```

(13)
```
    5 0
  - □ □
  -----
    3 4
```

(10)
```
    5 2
  - 3 8
  -----
```

(14)
```
    4 3
  - □ □
  -----
    1 6
```

MC04 받아내림이 있는 (두 자리 수) − (두 자리 수) (4)

● 뺄셈을 하세요.

(1)
```
    6  3
 −  2  6
```

(4)
```
    8  2
 − □  □
    3  7
```

(2)
```
    7  1
 −  1  9
```

(5)
```
    9  0
 − □  □
    3  5
```

(3)
```
    8  2
 −  4  5
```

(6)
```
    6  3
 − □  □
    3  7
```

(7)

	8	0
−	2	5

(11)

	7	3
−	☐	☐
	2	4

(8)

	7	6
−	3	7

(12)

	9	5
−	☐	☐
	7	7

(9)

	9	5
−	1	8

(13)

	6	5
−	☐	☐
	1	8

(10)

	6	4
−	4	9

(14)

	8	0
−	☐	☐
	5	5

MC04 받아내림이 있는 (두 자리 수) - (두 자리 수) (4)

● 뺄셈을 하세요.

(1)

	3	2
−	1	8

(4)

	7	1
−	□	□
	3	7

(2)

	5	0
−	2	6

(5)

	9	3
−	□	□
	5	6

(3)

	3	2
−	□	□
	1	4

(6)

	5	0
−	□	□
	2	4

(7)
```
    4 2
  - 2 7
  -----
```

(11)
```
    6 6
  - □ □
  -----
    3 8
```

(8)
```
    6 6
  - 2 8
  -----
```

(12)
```
    3 0
  - □ □
  -----
    1 5
```

(9)
```
    2 3
  - □ □
  -----
      9
```

(13)
```
    8 2
  - □ □
  -----
    2 7
```

(10)
```
    4 2
  - □ □
  -----
    1 5
```

(14)
```
    5 3
  - □ □
  -----
    3 5
```

MC04 받아내림이 있는 (두 자리 수)−(두 자리 수) (4)

● 뺄셈을 하세요.

(1)
	4	2
−	1	5

(4)
	2	0
−	☐	☐
		9

(2)
	6	1
−	3	8

(5)
	4	2
−	☐	☐
	2	7

(3)
	5	0
−	☐	☐
	2	1

(6)
	6	1
−	☐	☐
	2	3

(7)
```
    3 7
-   1 9
─────────
```

(11)
```
    7 5
- □ □
─────────
    4 6
```

(8)
```
    6 3
-   2 7
─────────
```

(12)
```
    9 2
- □ □
─────────
    5 4
```

(9)
```
    4 1
- □ □
─────────
    2 5
```

(13)
```
    3 7
- □ □
─────────
    1 8
```

(10)
```
    8 0
- □ □
─────────
    3 7
```

(14)
```
    6 3
- □ □
─────────
    3 6
```

MC04 받아내림이 있는 (두 자리 수) - (두 자리 수) (4)

● 뺄셈을 하세요.

(1)

```
    2 3
  - 1 8
  ─────
```

(4)

```
    7 4
  - □ □
  ─────
    1 8
```

(2)

```
    7 4
  - 5 6
  ─────
```

(5)

```
    5 1
  - □ □
  ─────
    1 9
```

(3)

```
    2 3
  - □ □
  ─────
      5
```

(6)

```
    9 3
  - □ □
  ─────
    4 5
```

(7)
```
    3 3
  - 1 9
  -----
```

(11)
```
    6 5
  - □ □
  -----
    1 7
```

(8)
```
    6 5
  - 4 8
  -----
```

(12)
```
    2 1
  - □ □
  -----
      4
```

(9)
```
    9 5
  - □ □
  -----
    7 6
```

(13)
```
    5 0
  - □ □
  -----
    2 2
```

(10)
```
    8 1
  - □ □
  -----
    3 5
```

(14)
```
    3 3
  - □ □
  -----
    1 4
```

MC04 받아내림이 있는 (두 자리 수) − (두 자리 수) (4)

● 뺄셈을 하세요.

(1)

```
    4 6
  − 1 8
  ─────
```

(4)

```
    3 5
  − □ □
  ─────
      6
```

(2)

```
    3 5
  − 2 9
  ─────
```

(5)

```
    4 6
  − □ □
  ─────
    2 8
```

(3)

```
    8 3
  − □ □
  ─────
    4 4
```

(6)

```
    6 2
  − □ □
  ─────
    1 6
```

(7)

		2	2
	−	1	5

(8)

		9	3
	−	6	4

(9)

		5	5
	−	☐	☐
		1	8

(10)

		6	4
	−	☐	☐
		4	7

(11)

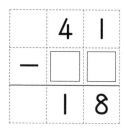

		7	0
	−	☐	☐
		5	3

(12)

		4	1
	−	☐	☐
		1	8

(13)

		2	2
	−	☐	☐
			7

(14)

		9	3
	−	☐	☐
		2	9

학교 연산 대비하자

연산 UP

연산 UP

● 뺄셈을 하시오.

(1)
```
    2 0
-   1 3
───────
```

(5)
```
    6 0
-   4 2
───────
```

(2)
```
    3 0
-   1 1
───────
```

(6)
```
    7 0
-   2 7
───────
```

(3)
```
    4 0
-   2 4
───────
```

(7)
```
    8 0
-   5 9
───────
```

(4)
```
    5 0
-   1 6
───────
```

(8)
```
    9 0
-   3 5
───────
```

(9)

```
    3 6
  - 1 9
  -----
```

(13)

```
    6 5
  - 3 9
  -----
```

(10)

```
    4 3
  - 2 5
  -----
```

(14)

```
    7 4
  - 3 7
  -----
```

(11)

```
    5 1
  - 2 7
  -----
```

(15)

```
    8 2
  - 1 9
  -----
```

(12)

```
    9 4
  - 7 5
  -----
```

(16)

```
    9 1
  - 4 7
  -----
```

● 뺄셈을 하시오.

(1)
```
   3 2
 - 1 5
```

(5)
```
   9 2
 - 5 6
```

(2)
```
   5 3
 - 1 6
```

(6)
```
   8 5
 - 3 7
```

(3)
```
   6 4
 - 4 8
```

(7)
```
   7 1
 - 4 6
```

(4)
```
   4 7
 - 1 8
```

(8)
```
   9 8
 - 1 9
```

(9)

```
    5 7
 -  3 9
 -------
```

(13)

```
    6 3
 -  2 4
 -------
```

(10)

```
    7 2
 -  1 5
 -------
```

(14)

```
    9 2
 -  2 8
 -------
```

(11)

```
    8 4
 -  7 6
 -------
```

(15)

```
    7 1
 -  5 2
 -------
```

(12)

```
    9 5
 -  6 8
 -------
```

(16)

```
    8 1
 -  4 6
 -------
```

● □ 안에 알맞은 수를 써넣으시오.

(1)

$$
\begin{array}{r}
3\ 0 \\
-\ \square\ \square \\
\hline
1\ 8
\end{array}
$$

(2)

$$
\begin{array}{r}
5\ 0 \\
-\ \square\ \square \\
\hline
2\ 9
\end{array}
$$

(3)

$$
\begin{array}{r}
6\ 0 \\
-\ \square\ \square \\
\hline
4\ 7
\end{array}
$$

(4)

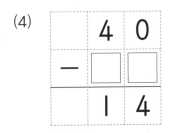

$$
\begin{array}{r}
4\ 0 \\
-\ \square\ \square \\
\hline
1\ 4
\end{array}
$$

(5)

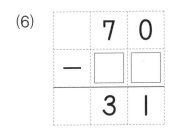

$$
\begin{array}{r}
8\ 0 \\
-\ \square\ \square \\
\hline
1\ 6
\end{array}
$$

(6)

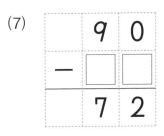

$$
\begin{array}{r}
7\ 0 \\
-\ \square\ \square \\
\hline
3\ 1
\end{array}
$$

(7)

$$
\begin{array}{r}
9\ 0 \\
-\ \square\ \square \\
\hline
7\ 2
\end{array}
$$

(8)

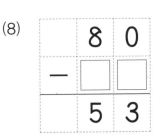

$$
\begin{array}{r}
8\ 0 \\
-\ \square\ \square \\
\hline
5\ 3
\end{array}
$$

(7)

	4	1
−	□	□
	1	6

(11)

	9	1
−	□	□
	2	5

(8)

	6	5
−	□	□
	3	8

(12)

	5	3
−	□	□
	2	7

(9)

	3	6
−	□	□
	1	9

(13)

	8	6
−	□	□
	4	9

(10)

	7	3
−	□	□
	4	5

(14)

	9	4
−	□	□
	6	7

● 빈 곳에 알맞은 수를 써넣으시오.

(1)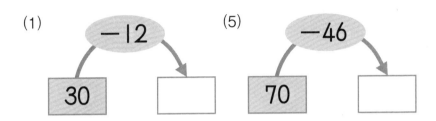

(2)

(3)

(4)

(5)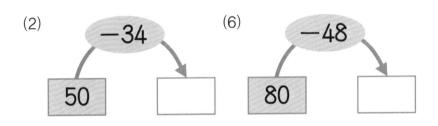

(6)

(7)

(8)

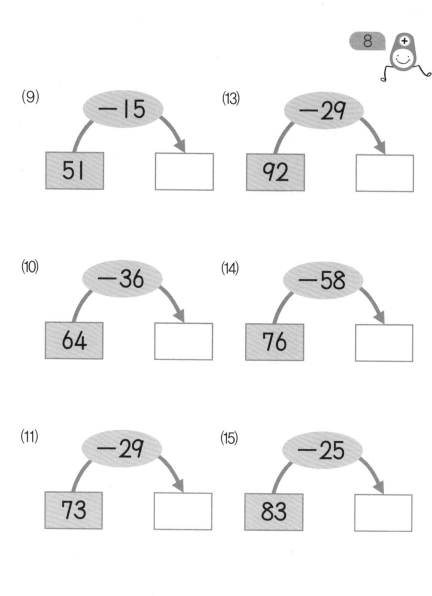

(9) −15　51　□

(13) −29　92　□

(10) −36　64　□

(14) −58　76　□

(11) −29　73　□

(15) −25　83　□

(12) −58　85　□

(16) −64　93　□

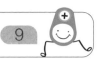
● 두 수의 차를 빈 곳에 써넣으시오.

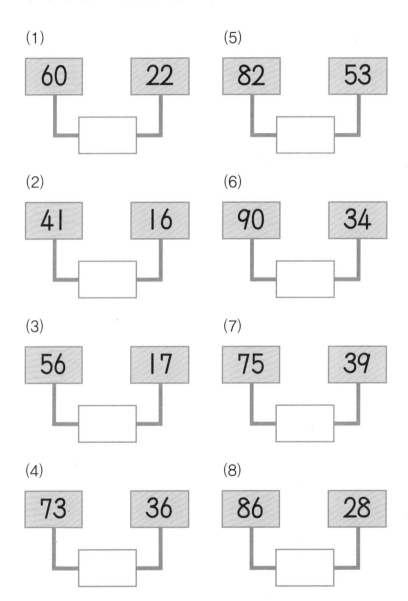

(1)

| 60 | | 22 |

(5)

| 82 | | 53 |

(2)

| 41 | | 16 |

(6)

| 90 | | 34 |

(3)

| 56 | | 17 |

(7)

| 75 | | 39 |

(4)

| 73 | | 36 |

(8)

| 86 | | 28 |

(9)

66		17

(13)

70		37

(10)

83		46

(14)

52		13

(11)

75		58

(15)

93		59

(12)

91		25

(16)

81		63

● 빈 곳에 알맞은 수를 써넣으시오.

(1)

−		
60	33	
42	14	

(3)

−		
80	51	
46	28	

(2)

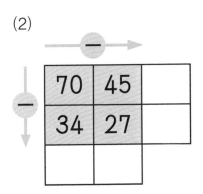

(4)

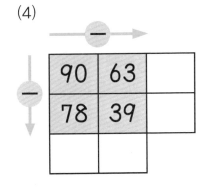

(5)

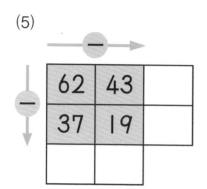

(7)

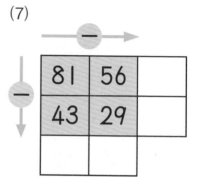

(6)

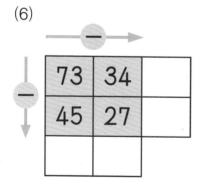

(8)

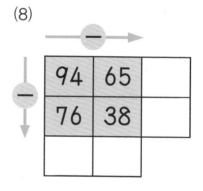

● 다음을 읽고 물음에 답하시오.

(1) 현지는 칭찬 스티커를 **30**장 모으려고 합니다. 지금 까지 **18**장을 모았습니다. 앞으로 더 모아야 할 칭찬 스티커는 몇 장입니까?

(   )

(2) 수진이는 초콜릿을 **40**개 만들었습니다. 그중에서 **26**개를 선물로 포장하였다면, 남은 초콜릿은 몇 개 입니까?

(   )

(3) 과자 한 봉지에 과자가 **36**개 들어 있습니다. 그중에 서 **19**개를 친구들과 나누어 먹었습니다. 남은 과자 는 몇 개입니까?

(   )

(4) 준서는 줄넘기를 80개 했고, 지섭이는 줄넘기를 62개 했습니다. 준서는 지섭이보다 줄넘기를 몇 개 더 많이 했습니까?

(   )

(5) 하트 모양 쿠키가 43개, 별 모양 쿠키가 14개 있습니다. 하트 모양 쿠키는 별 모양 쿠키보다 몇 개 더 많습니까?

(   )

(6) 딸기가 45개 있습니다. 성준이가 17개를 먹었다면, 남은 딸기는 몇 개입니까?

(   )

● 다음을 읽고 물음에 답하시오.

(1) 찬호는 **52**개의 구슬을 가지고 있고, 지성이는 찬호보다 구슬을 **15**개 적게 가지고 있습니다. 지성이가 가지고 있는 구슬은 몇 개입니까?

(   )

(2) 승철이는 동화책을 **36**권, 위인전을 **64**권 가지고 있습니다. 위인전은 동화책보다 몇 권 더 많습니까?

(   )

(3) 호진이 어머니는 고구마를 **75**개 캤습니다. 그중 **49**개는 이웃에 나누어 주었습니다. 남은 고구마는 몇 개입니까?

(   )

(4) 운동장에 빨간색 모자를 쓴 어린이는 **61**명, 파란색 모자를 쓴 어린이는 **47**명 있습니다. 빨간색 모자를 쓴 어린이는 파란색 모자를 쓴 어린이보다 몇 명 더 많습니까?

(   )

(5) 튼튼 동물 농장에서는 닭을 **93**마리 기르고, 돼지는 닭보다 **29**마리 적게 기르고 있습니다. 튼튼 동물 농장에서 기르는 돼지는 몇 마리입니까?

(   )

(6) 주차장에 자동차가 **84**대 주차되어 있습니다. 잠시 후 **18**대가 빠져 나갔습니다. 지금 주차장에 주차되어 있는 자동차는 몇 대입니까?

(   )

MC 단계 6 권

정 답

1	2	3	4	5	6	7	8
(1) 7	(5) 25	(1) 9	(5) 8	(1) 18	(5) 8	(1) 29	(5) 18
(2) 16	(6) 39	(2) 8	(6) 9	(2) 17	(6) 5	(2) 27	(6) 5
(3) 18	(7) 8	(3) 7	(7) 7	(3) 18	(7) 15	(3) 25	(7) 28
(4) 28	(8) 10	(4) 7	(8) 5	(4) 17	(8) 4	(4) 35	(8) 19

9	10	11	12	13	14
(1) 12, 7	(5) 13, 7	(1) 14, 9	(5) 30, 28	(1) 10, 43, 36	(5) 20, 32, 26
(2) 12, 9	(6) 15, 8	(2) 12, 8	(6) 23, 16	(2) 10, 45, 38	(6) 30, 25, 16
(3) 10, 6	(7) 20, 15	(3) 13, 6	(7) 22, 18	(3) 10, 40, 35	(7) 30, 24, 18
(4) 11, 5	(8) 22, 16	(4) 31, 26	(8) 15, 6	(4) 20, 31, 27	(8) 40, 12, 9
	(9) 21, 18		(9) 14, 8		(9) 40, 16, 8

15	16	17	18	19	20
(1) 10, 52, 48	**(5)** 30, 34, 29	**(1)** 10, 14, 8	**(5)** 10, 13, 6	**(1)** 10, 60, 52	**(5)** 30, 42, 36
(2) 10, 52, 46	**(6)** 30, 33, 27	**(2)** 10, 21, 13	**(6)** 20, 12, 5	**(2)** 10, 62, 53	**(6)** 30, 41, 38
(3) 20, 41, 34	**(7)** 40, 20, 16	**(3)** 20, 22, 15	**(7)** 30, 16, 8	**(3)** 20, 54, 49	**(7)** 40, 35, 26
(4) 20, 45, 37	**(8)** 40, 22, 15	**(4)** 10, 45, 39	**(8)** 20, 31, 22	**(4)** 20, 56, 48	**(8)** 50, 23, 17
	(9) 50, 18, 9		**(9)** 30, 30, 25		**(9)** 60, 11, 7

21	22	23	24
(1) 10, 72, 67	**(5)** 30, 56, 47	**(1)** 10, 81, 77	**(5)** 40, 53, 45
(2) 10, 73, 69	**(6)** 40, 42, 38	**(2)** 10, 80, 73	**(6)** 50, 42, 33
(3) 20, 60, 52	**(7)** 50, 31, 25	**(3)** 20, 72, 67	**(7)** 60, 34, 29
(4) 20, 61, 58	**(8)** 60, 25, 18	**(4)** 30, 61, 55	**(8)** 70, 22, 18
	(9) 70, 13, 8		**(9)** 80, 12, 6

25	26	27	28	29	30	31	32
(1) 5	(9) 8	(1) 4	(9) 6	(1) 27	(9) 17	(1) 9	(9) 14
(2) 4	(10) 7	(2) 2	(10) 7	(2) 29	(10) 7	(2) 12	(10) 18
(3) 9	(11) 4	(3) 9	(11) 3	(3) 26	(11) 15	(3) 9	(11) 14
(4) 7	(12) 3	(4) 15	(12) 19	(4) 18	(12) 19	(4) 17	(12) 19
(5) 15	(13) 9	(5) 14	(13) 16	(5) 38	(13) 18	(5) 26	(13) 17
(6) 10	(14) 6	(6) 17	(14) 8	(6) 35	(14) 2	(6) 24	(14) 17
(7) 8	(15) 7	(7) 5	(15) 9	(7) 28	(15) 8	(7) 22	(15) 18
(8) 8	(16) 10	(8) 7	(16) 11	(8) 26	(16) 7	(8) 4	(16) 13
	(17) 9		(17) 7		(17) 32		(17) 27

33	34	35	36	37	38	39	40
(1) 8	(9) 7	(1) 18	(9) 43	(1) 7	(6) 8	22, 21,	3, 1,
(2) 9	(10) 28	(2) 19	(10) 29	(2) 26	(7) 72	25, 24,	14, 12,
(3) 26	(11) 48	(3) 39	(11) 36	(3) 39	(8) 18	26, 23,	22, 21,
(4) 14	(12) 16	(4) 26	(12) 17	(4) 26	(9) 29	26, 25,	34, 33,
(5) 39	(13) 9	(5) 38	(13) 50	(5) 17	(10) 15	28, 26,	44, 41,
(6) 16	(14) 6	(6) 45	(14) 23		(11) 7	28, 26	53, 52
(7) 37	(15) 27	(7) 3	(15) 65		(12) 18		
(8) 55	(16) 16	(8) 25	(16) 70		(13) 24		
	(17) 44		(17) 69				

1	2	3	4	5	6	7	8
(1) 3, 1, 3	(4) 3, 2, 3	(1) 2, 10, 9, 2, 10, 1, 9	(4) 2, 10, 7, 2, 10, 1, 7	(1) 3, 10, 7, 3, 10, 2, 7	(4) 3, 10, 5, 3, 10, 2, 5	(1) 4, 10, 8, 4, 10, 3, 8	(4) 4, 10, 5, 4, 10, 3, 5
(2) 2, 1, 2	(5) 6, 5, 6	(2) 2, 10, 9, 2, 10, 1, 9	(5) 2, 10, 7, 2, 10, 1, 7	(2) 3, 10, 8, 3, 10, 1, 8	(5) 3, 10, 8, 3, 10, 1, 8	(2) 4, 10, 8, 4, 10, 2, 8	(5) 4, 10, 5, 4, 10, 1, 5
(3) 1, 3, 1	(6) 0, 2, 0	(3) 2, 10, 7, 2, 10, 1, 7	(6) 2, 10, 8, 2, 10, 1, 8	(3) 3, 10, 9, 3, 10, 2, 9	(6) 3, 10, 9, 3, 10, 1, 9	(3) 4, 10, 3, 4, 10, 1, 3	(6) 4, 10, 9, 4, 10, 2, 9
	(7) 2, 6, 2		(7) 2, 10, 3, 2, 10, 1, 3		(7) 3, 10, 5, 3, 10, 1, 5		(7) 4, 10, 6, 4, 10, 1, 6

9	10	11	12	13	14	15	16
(1) 2, 10, 4, 2, 10, 1, 4	(4) 2, 10, 8, 2, 10, 1, 8	(1) 1, 10, 6	(7) 1, 10, 5	(1) 2, 10, 1, 3	(7) 2, 10, 1, 5	(1) 1, 10, 9	(7) 2, 10, 4,
(2) 3, 10, 9, 3, 10, 2, 9	(5) 4, 10, 9, 4, 10, 1, 9	(2) 1, 10, 5	(8) 1, 10, 7	(2) 2, 10, 7	(8) 2, 10, 8	(2) 1, 10, 1	(8) 1, 10, 7
(3) 4, 10, 7, 4, 10, 3, 7	(6) 2, 10, 9, 2, 10, 1, 9	(3) 1, 10, 4	(9) 1, 10, 7	(3) 2, 10, 9	(9) 2, 10, 1, 9	(3) 1, 10, 7	(9) 2, 10, 1, 8
	(7) 3, 10, 3, 3, 10, 1, 3	(4) 1, 10, 3	(10) 1, 10, 8	(4) 2, 10, 1, 8	(10) 2, 10, 1, 8	(4) 2, 10, 1, 6	(10) 1, 10, 9
		(5) 1, 10, 5	(11) 1, 10, 9	(5) 2, 10, 6	(11) 2, 10, 2	(5) 2, 10, 9	(11) 1, 10, 9
		(6) 1, 10, 6	(12) 1, 10, 8	(6) 2, 10, 1, 3	(12) 2, 10, 1, 9	(6) 2, 10, 1, 9	(12) 2, 10, 1, 5
			(13) 1, 10, 5		(13) 2, 10, 7		(13) 2, 10, 9
			(14) 1, 10, 9		(14) 2, 10, 6		(14) 1, 10, 6

17	18	19	20	21	22	23	24
1) 1, 10, 3	(7) 1, 10, 7	(1) 3, 10, 2, 7	(7) 3, 10, 1, 7	(1) 4, 10, 3, 7	(7) 4, 10, 3, 6	(1) 3, 10, 2, 7	(7) 3, 10, 4
2) 2, 10, 8	(8) 1, 10, 8	(2) 3, 10, 1, 8	(8) 3, 10, 6	(2) 4, 10, 2, 4	(8) 4, 10, 1, 4	(2) 3, 10, 1, 7	(8) 4, 10, 3, 9
3) 1, 10, 9	(9) 2, 10, 5	(3) 3, 10, 9	(9) 3, 10, 2, 8	(3) 4, 10, 1, 8	(9) 4, 10, 2, 2	(3) 3, 10, 2, 6	(9) 4, 10, 7
4) 2, 10, 5	(10) 2, 10, 7	(4) 3, 10, 8	(10) 3, 10, 1, 6	(4) 4, 10, 1, 4	(10) 4, 10, 2, 8	(4) 4, 10, 3, 8	(10) 3, 10, 1, 9
5) 1, 10, 9	(11) 2, 10, 9	(5) 3, 10, 2, 7	(11) 3, 10, 2, 8	(5) 4, 10, 3, 8	(11) 4, 10, 8	(5) 4, 10, 1, 8	(11) 4, 10, 2, 7
6) 2, 10, 8	(12) 1, 10, 7	(6) 3, 10, 1, 6	(12) 3, 10, 1, 4	(6) 4, 10, 2, 9	(12) 4, 10, 3, 6	(6) 4, 10, 3, 6	(12) 3, 10, 2, 8
	(13) 2, 10, 1, 9		(13) 3, 10, 2		(13) 4, 10, 2, 9		(13) 3, 10, 1, 5
	(14) 1, 10, 7		(14) 3, 10, 2, 2		(14) 4, 10, 3, 8		(14) 4, 10, 3, 7

25	26	27	28	29	30	31	32
(1) 3, 10, 1, 9	(7) 4, 10, 9	(1) 5, 10, 4, 8	(7) 5, 10, 3, 6	(1) 6, 10, 5, 6	(7) 6, 10, 4, 7	(1) 5, 10, 4, 1	(7) 5, 10, 4, 9
(2) 4, 10, 1, 7	(8) 3, 10, 2, 9	(2) 5, 10, 3, 5	(8) 5, 10, 1, 8	(2) 6, 10, 4, 6	(8) 6, 10, 2, 9	(2) 5, 10, 3, 9	(8) 6, 10, 5, 5
(3) 3, 10, 8	(9) 4, 10, 2, 6	(3) 5, 10, 2, 6	(9) 5, 10, 9	(3) 6, 10, 3, 8	(9) 6, 10, 4, 5	(3) 5, 10, 1, 9	(9) 5, 10, 3, 9
(4) 3, 10, 2, 9	(10) 3, 10, 7	(4) 5, 10, 1, 8	(10) 5, 10, 2, 8	(4) 6, 10, 2, 9	(10) 6, 10, 3, 8	(4) 6, 10, 2, 7	(10) 6, 10, 1, 8
(5) 4, 10, 7	(11) 3, 10, 1, 5	(5) 5, 10, 7	(11) 5, 10, 2, 6	(5) 6, 10, 1, 5	(11) 6, 10, 5, 7	(5) 6, 10, 5, 9	(11) 6, 10, 2, 8
(6) 4, 10, 3, 6	(12) 3, 10, 4	(6) 5, 10, 3, 6	(12) 5, 10, 3, 8	(6) 6, 10, 7	(12) 6, 10, 1, 6	(6) 6, 10, 3, 7	(12) 5, 10, 2, 5
	(13) 4, 10, 1, 5		(13) 5, 10, 2, 7		(13) 6, 10, 3, 6		(13) 5, 10, 5
	(14) 4, 10, 3, 9		(14) 5, 10, 4, 8		(14) 6, 10, 9		(14) 6, 10, 4, 9

MC02

33	34	35	36	37	38	39	40
(1) 6, 10, 4, 7	(7) 6, 10, 4, 9	(1) 7, 10, 6, 4	(7) 7, 10, 5, 7	(1) 8, 10, 7, 7	(7) 8, 10, 6, 8	(1) 7, 10, 5, 7	(7) 7, 10 5, 8
(2) 5, 10, 1, 9	(8) 5, 10, 2, 8	(2) 7, 10, 5, 9	(8) 7, 10, 2, 7	(2) 8, 10, 6, 9	(8) 8, 10, 4, 9	(2) 7, 10, 2, 8	(8) 8, 10 3, 6
(3) 6, 10, 3, 8	(9) 5, 10, 2, 9	(3) 7, 10, 4, 6	(9) 7, 10, 6, 2	(3) 8, 10, 1, 9	(9) 8, 10, 4, 8	(3) 7, 10, 6, 4	(9) 8, 10 5, 6
(4) 5, 10, 9	(10) 6, 10, 5, 5	(4) 7, 10, 2, 8	(10) 7, 10, 8	(4) 8, 10, 4, 3	(10) 8, 10, 2, 5	(4) 8, 10, 6, 6	(10) 7, 10 3, 9
(5) 6, 10, 2, 3	(11) 6, 10, 9	(5) 7, 10, 1, 8	(11) 7, 10, 4, 7	(5) 8, 10, 3, 9	(11) 8, 10, 5, 8	(5) 8, 10, 5, 8	(11) 7, 10 1, 9
(6) 5, 10, 4, 7	(12) 6, 10, 2, 5	(6) 7, 10, 9	(12) 7, 10, 2, 9	(6) 8, 10, 6, 6	(12) 8, 10, 2, 5	(6) 8, 10, 4, 9	(12) 8, 10 1, 5
	(13) 5, 10, 3, 7		(13) 7, 10, 3, 7		(13) 8, 10, 1, 7		(13) 7, 10 6, 8
	(14) 5, 10, 7		(14) 7, 10, 1, 9		(14) 8, 10, 3, 8		(14) 8, 10 7

MC03

1	2	3	4	5	6	7	8
(1) 1, 10, 5	(7) 2, 10, 7	(1) 6	(9) 8	(1) 16	(9) 18	(1) 4	(9) 5
(2) 2, 10, 1, 3	(8) 3, 10, 2, 5	(2) 7	(10) 7	(2) 15	(10) 6	(2) 6	(10) 8
(3) 3, 10, 1, 8	(9) 1, 10, 9	(3) 9	(11) 8	(3) 17	(11) 19	(3) 7	(11) 15
(4) 4, 10, 8	(10) 5, 10, 2, 7	(4) 7	(12) 5	(4) 16	(12) 5	(4) 14	(12) 17
(5) 5, 10, 2, 6	(11) 6, 10, 2, 3	(5) 10	(13) 7	(5) 8	(13) 7	(5) 17	(13) 7
(6) 6, 10, 2, 8	(12) 4, 10, 2, 9	(6) 6	(14) 8	(6) 8	(14) 5	(6) 17	(14) 3
	(13) 8, 10, 3, 7	(7) 9	(15) 6	(7) 7	(15) 19	(7) 4	(15) 7
	(14) 7, 10, 2, 9	(8) 8	(16) 9	(8) 9	(16) 18	(8) 7	(16) 9

9	10	11	12	13	14	15	16
(1) 3	(9) 9	(1) 14	(9) 18	(1) 39	(9) 27	(1) 25	(9) 18
(2) 19	(10) 6	(2) 9	(10) 23	(2) 27	(10) 39	(2) 19	(10) 22
(3) 8	(11) 17	(3) 29	(11) 8	(3) 16	(11) 19	(3) 7	(11) 21
(4) 7	(12) 4	(4) 18	(12) 27	(4) 7	(12) 4	(4) 27	(12) 27
(5) 18	(13) 15	(5) 27	(13) 16	(5) 36	(13) 38	(5) 36	(13) 34
(6) 9	(14) 6	(6) 18	(14) 8	(6) 19	(14) 17	(6) 27	(14) 16
(7) 17	(15) 9	(7) 26	(15) 27	(7) 26	(15) 28	(7) 35	(15) 39
(8) 9	(16) 2	(8) 6	(16) 15	(8) 29	(16) 18	(8) 18	(16) 8

17	18	19	20	21	22	23	24
(1) 26	(9) 26	(1) 17	(9) 37	(1) 46	(9) 55	(1) 19	(9) 35
(2) 19	(10) 29	(2) 39	(10) 5	(2) 36	(10) 39	(2) 19	(10) 35
(3) 26	(11) 8	(3) 27	(11) 50	(3) 24	(11) 45	(3) 36	(11) 17
(4) 24	(12) 9	(4) 45	(12) 16	(4) 16	(12) 28	(4) 47	(12) 49
(5) 26	(13) 28	(5) 48	(13) 28	(5) 8	(13) 28	(5) 17	(13) 25
(6) 23	(14) 15	(6) 19	(14) 48	(6) 59	(14) 19	(6) 55	(14) 48
(7) 9	(15) 17	(7) 25	(15) 37	(7) 47	(15) 38	(7) 38	(15) 21
(8) 8	(16) 21	(8) 39	(16) 38	(8) 38	(16) 45	(8) 24	(16) 26

25	26	27	28	29	30	31	32
(1) 36	(9) 47	(1) 69	(9) 28	(1) 73	(9) 48	(1) 48	(9) 65
(2) 18	(10) 26	(2) 57	(10) 46	(2) 69	(10) 28	(2) 12	(10) 37
(3) 36	(11) 26	(3) 45	(11) 14	(3) 56	(11) 13	(3) 64	(11) 26
(4) 59	(12) 47	(4) 8	(12) 36	(4) 47	(12) 57	(4) 39	(12) 65
(5) 46	(13) 6	(5) 37	(13) 59	(5) 37	(13) 78	(5) 66	(13) 37
(6) 26	(14) 8	(6) 35	(14) 29	(6) 26	(14) 7	(6) 17	(14) 55
(7) 47	(15) 26	(7) 18	(15) 66	(7) 21	(15) 32	(7) 28	(15) 5
(8) 14	(16) 37	(8) 27	(16) 8	(8) 9	(16) 68	(8) 37	(16) 28

33	34	35	36	37	38	39	40
(1) 49	(9) 68	(1) 8	(9) 6	(1) 29	(9) 8	(1) 5	(9) 18
(2) 35	(10) 56	(2) 8	(10) 17	(2) 37	(10) 47	(2) 16	(10) 15
(3) 36	(11) 38	(3) 24	(11) 3	(3) 18	(11) 47	(3) 35	(11) 27
(4) 18	(12) 36	(4) 32	(12) 17	(4) 27	(12) 46	(4) 16	(12) 38
(5) 47	(13) 56	(5) 9	(13) 25	(5) 14	(13) 53	(5) 48	(13) 27
(6) 26	(14) 58	(6) 14	(14) 16	(6) 36	(14) 27	(6) 45	(14) 7
(7) 27	(15) 67	(7) 18	(15) 18	(7) 77	(15) 44	(7) 12	(15) 24
(8) 15	(16) 6	(8) 15	(16) 5	(8) 16	(16) 39	(8) 16	(16) 29

1	2	3	4	5	6	7	8
1) 8	(9) 4	(1) 18	(9) 28	(1) 38	(9) 28	(1) 67	(9) 27
2) 13	(10) 18	(2) 17	(10) 26	(2) 19	(10) 12	(2) 3	(10) 39
3) 18	(11) 6	(3) 13	(11) 7	(3) 12	(11) 28	(3) 55	(11) 44
4) 26	(12) 28	(4) 29	(12) 19	(4) 18	(12) 36	(4) 18	(12) 19
5) 19	(13) 14	(5) 37	(13) 38	(5) 28	(13) 25	(5) 18	(13) 46
6) 8	(14) 36	(6) 46	(14) 15	(6) 16	(14) 6	(6) 27	(14) 8
7) 51	(15) 37	(7) 6	(15) 6	(7) 9	(15) 9	(7) 28	(15) 17
8) 39	(16) 16	(8) 37	(16) 26	(8) 36	(16) 24	(8) 12	(16) 48

9	10	11	12	13	14	15	16
(1) 58	(9) 63	(1) 28	(9) 29	(1) 45	(5) 16	(1) 5	(5) 63
(2) 9	(10) 19	(2) 7	(10) 18	(2) 15	(6) 26	(2) 29	(6) 18
(3) 42	(11) 27	(3) 38	(11) 6	(3) 15	(7) 8	(3) 45	(7) 8
(4) 18	(12) 5	(4) 25	(12) 18	(4) 27	(8) 29	(4) 16	(8) 15
(5) 37	(13) 18	(5) 43	(13) 14		(9) 35		(9) 21
(6) 8	(14) 16	(6) 7	(14) 17		(10) 16		(10) 28
(7) 25	(15) 28	(7) 16	(15) 45		(11) 39		(11) 8
(8) 23	(16) 7	(8) 39	(16) 46		(12) 24		(12) 6

17	18	19	20	21	22	23	24
(1) 15	(7) 42	(1) 4	(7) 6	(1) 25	(7) 25	(1) 35	(7) 48
(2) 13	(8) 50	(2) 8	(8) 7	(2) 14	(8) 19	(2) 38	(8) 44
(3) 23	(9) 63	(3) 16	(9) 18	(3) 15	(9) 34	(3) 36	(9) 28
(4) 1, 4	(10) 44	(4) 1, 8	(10) 9	(4) 1, 7	(10) 18	(4) 3, 8	(10) 27
(5) 2, 2	(11) 1, 6	(5) 2, 6	(11) 1, 7	(5) 2, 9	(11) 1, 6	(5) 2, 3	(11) 3, 5
(6) 2, 5	(12) 1, 7	(6) 1, 9	(12) 1, 8	(6) 3, 5	(12) 2, 5	(6) 2, 5	(12) 4, 5
	(13) 1, 2		(13) 1, 3		(13) 1, 7		(13) 1, 4
	(14) 4, 0		(14) 2, 7		(14) 3, 6		(14) 2, 6

25	26	27	28	29	30	31	32
(1) 8	(7) 27	(1) 35	(7) 72	(1) 4	(7) 9	(1) 37	(7) 55
(2) 16	(8) 28	(2) 27	(8) 58	(2) 15	(8) 5	(2) 52	(8) 39
(3) 16	(9) 34	(3) 65	(9) 46	(3) 14	(9) 16	(3) 37	(9) 77
(4) 2, 9	(10) 17	(4) 6, 6	(10) 19	(4) 2, 6	(10) 14	(4) 4, 5	(10) 15
(5) 1, 9	(11) 2, 5	(5) 2, 7	(11) 3, 4	(5) 2, 7	(11) 1, 7	(5) 5, 5	(11) 4, 9
(6) 1, 6	(12) 1, 4	(6) 4, 5	(12) 1, 8	(6) 1, 7	(12) 1, 5	(6) 2, 6	(12) 1, 8
	(13) 5, 7		(13) 2, 8		(13) 1, 6		(13) 4, 7
	(14) 2, 7		(14) 7, 2		(14) 2, 7		(14) 2, 5

33	34	35	36	37	38	39	40
(1) 14	(7) 15	(1) 27	(7) 18	(1) 5	(7) 14	(1) 28	(7) 7
(2) 24	(8) 38	(2) 23	(8) 36	(2) 18	(8) 17	(2) 6	(8) 29
(3) 1, 8	(9) 1, 4	(3) 2, 9	(9) 1, 6	(3) 1, 8	(9) 1, 9	(3) 3, 9	(9) 3, 7
(4) 3, 4	(10) 2, 7	(4) 1, 1	(10) 4, 3	(4) 5, 6	(10) 4, 6	(4) 2, 9	(10) 1, 7
(5) 3, 7	(11) 2, 8	(5) 1, 5	(11) 2, 9	(5) 3, 2	(11) 4, 8	(5) 1, 8	(11) 1, 7
(6) 2, 6	(12) 1, 5	(6) 3, 8	(12) 3, 8	(6) 4, 8	(12) 1, 7	(6) 4, 6	(12) 2, 3
	(13) 5, 5		(13) 1, 9		(13) 2, 8		(13) 1, 5
	(14) 1, 8		(14) 2, 7		(14) 1, 9		(14) 6, 4

연산 UP

1	2	3	4	5	6	7	8
(1) 7	(9) 17	(1) 17	(9) 18	(1) 12	(9) 25	(1) 18	(9) 36
(2) 19	(10) 18	(2) 37	(10) 57	(2) 21	(10) 27	(2) 16	(10) 28
(3) 16	(11) 24	(3) 16	(11) 8	(3) 13	(11) 17	(3) 35	(11) 44
(4) 34	(12) 19	(4) 29	(12) 27	(4) 26	(12) 28	(4) 23	(12) 27
(5) 18	(13) 26	(5) 36	(13) 39	(5) 64	(13) 66	(5) 24	(13) 63
(6) 43	(14) 37	(6) 48	(14) 64	(6) 39	(14) 26	(6) 32	(14) 18
(7) 21	(15) 63	(7) 25	(15) 19	(7) 18	(15) 37	(7) 57	(15) 58
(8) 55	(16) 44	(8) 79	(16) 35	(8) 27	(16) 27	(8) 39	(16) 29

9	10	11	12
(1) 38	(9) 49		
(2) 25	(10) 37		
(3) 39	(11) 17		
(4) 37	(12) 66		
(5) 29	(13) 33		
(6) 56	(14) 39		
(7) 36	(15) 34		
(8) 58	(16) 18		

11

(1)
− →		
60	33	27
42	14	28
18	19	

(2)
− →		
70	45	25
34	27	7
36	18	

(3)
− →		
80	51	29
46	28	18
34	23	

(4)
− →		
90	63	27
78	39	39
12	24	

12

(5)
− →		
62	43	19
37	19	18
25	24	

(6)
− →		
73	34	39
45	27	18
28	7	

(7)
− →		
81	56	25
43	29	14
38	27	

(8)
− →		
94	65	29
76	38	38
18	27	

13	14	15	16
(1) 12장	(4) 18개	(1) 37개	(4) 14명
(2) 14개	(5) 29개	(2) 28권	(5) 64마리
(3) 17개	(6) 28개	(3) 26개	(6) 66대